高等院校石油天然气类规划教材

工程流体力学学习指南
（第二版）

刘丽丽　王春生　主编
　　　　王淑彦　主审

石油工业出版社

内容提要

本书是根据石油工程、油气储运工程等专业对流体力学教学的需要而编写的。着重概括流体力学的基本理论和基本方程,细致分析流体力学的重难点问题,详细解答习题和历年考研试题。全书包括绪论,流体静力学,流体运动学,流体动力学,量纲分析与相似原理,黏性流体动力学基础,压力管路、孔口和管嘴出流,理想不可压缩流体平面流动,经典试题详解等九章。

本书可作为石油高校相关专业学生的学习指导书和考研学生的复习参考书,也可作为石油工程技术人员和教师的参考用书。

图书在版编目(CIP)数据

工程流体力学学习指南 / 刘丽丽,王春生主编. 2版. —北京 : 石油工业出版社,2025.1. —(高等院校石油天然气类规划教材). -- ISBN 978-7-5183-7368-0

Ⅰ.TB126

中国国家版本馆 CIP 数据核字第 20250N57N0 号

出版发行:石油工业出版社
　　　　(北京市朝阳区安华里二区1号楼　100011)
　　　　网　　址:http://www.petropub.com
　　　　编辑部:(010)64251362　图书营销中心:(010)64523633
经　　销:全国新华书店
排　　版:三河市聚拓图文制作有限公司
印　　刷:北京中石油彩色印刷有限责任公司

2025年2月第2版　2025年2月第1次印刷
787毫米×1092毫米　开本:1/16　印张:9.5
字数:236千字

定价:24.00元
(如发现印装质量问题,我社图书营销中心负责调换)
版权所有,翻印必究

第二版前言

《工程流体力学学习指南》第一版是石油工业出版社 2009 年出版的，是以普通高等教育"十一五"国家级规划教材《工程流体力学》（杨树人、汪志明、何光渝、崔海清主编）为基础编写的。为了适应石油高等教育发展的需求，兼顾石油工程、油气储运工程等专业特色，并将数字技术引入教材建设，2019 年《工程流体力学第二版》（杨树人、王春生主编）、2024 年《工程流体力学第三版》（王淑彦、杨树人主编）相继问世。本书针对新版《工程流体力学》教材，在原版《工程流体力学学习指南》的基础上，对部分内容进行了修改和增删。

全书包括绪论，流体静力学，流体运动学，流体动力学，量纲分析与相似原理，黏性流体动力学基础，压力管路、孔口和管嘴出流，理想不可压缩流体平面流动，经典试题详解等九章。具体分工：刘丽丽编写第一章、第六章和第七章，范家伟编写第二章，王春生编写第三章和第九章，国丽萍编写第四章，邵宝力编写第五章，卜凡熙编写第八章。

在本书的编写过程中，东北石油大学石油工程学院给予了热情支持和帮助，黑龙江省地方高校"101 计划"（石油与天然气工程领域本科教育教学改革试点工作）给予了大力支持，在此致以由衷的谢意！另外，东北石油大学流体力学教研室研究生王庆、陶聪颖和杨含笑在本书的编写工作中也给予了热心的帮助，在此一并表示感谢！

全书由刘丽丽、王春生主编，王淑彦主审。

由于水平有限，本书在内容的选择和编写上难免有不足和疏漏之处，敬请读者批评指正。

编者
2024 年 10 月

第一版前言

为满足学生的学习及考研需要，本书以普通高等教育"十一五"国家级规划教材《工程流体力学》（杨树人、汪志明、何光渝、崔海清主编）为基础编写，并查阅了大量的相关资料。

全书力求思路清晰，逻辑严密，内容丰富，题目典型。共分九章：流体的物理性质，流体静力学，流体运动学，流体动力学，量纲分析与相似原理，黏性流体动力学基础，压力管路、孔口和管嘴出流，理想不可压缩流体平面流动和经典试题详解。一至八章内容按学习引导、难点分析、习题详解、思考与习题四大模块编写。其中，学习引导主要介绍各章的基本概念、基本公式以及相关的参考信息；难点分析主要介绍各章的重点知识，也是学生难以理解的问题；习题详解主要给出了《工程流体力学》课后题详细的解题过程；思考与习题主要是针对前面介绍的基础知识和重点难点所提出的问题，精选了多道相关的计算题，并给出参考答案。第九章对历年考研经典试题进行了详细的解答。

本书由王春生、冯翠菊主编，杨树人主审，其中王春生编写第一章、第二章、第三章、第四章、第九章；冯翠菊编写第五章、第六章、第七章；刘丽丽编写第八章。本书可作为高等院校相关专业学生和报考硕士学位研究生的学习参考书及复习指导书，还可作为教师的教学参考用书。

在本书编写过程中，大庆石油学院流体教研室其他老师指出了许多宝贵意见，谨此表示感谢。由于作者水平有限，书中错误之处在所难免，希望读者给予批评指正。

编者
2009 年 6 月

目 录

第一章 绪论 …………………………………………………………………………………… (1)
  一、学习引导 ………………………………………………………………………………… (1)
  二、习题详解 ………………………………………………………………………………… (5)
  三、思考题与计算题 ………………………………………………………………………… (8)

第二章 流体静力学 …………………………………………………………………………… (11)
  一、学习引导 ………………………………………………………………………………… (11)
  二、习题详解 ………………………………………………………………………………… (16)
  三、思考题与计算题 ………………………………………………………………………… (24)

第三章 流体运动学 …………………………………………………………………………… (30)
  一、学习引导 ………………………………………………………………………………… (30)
  二、习题详解 ………………………………………………………………………………… (35)
  三、思考题与计算题 ………………………………………………………………………… (38)

第四章 流体动力学 …………………………………………………………………………… (42)
  一、学习引导 ………………………………………………………………………………… (42)
  二、习题详解 ………………………………………………………………………………… (46)
  三、思考题与计算题 ………………………………………………………………………… (57)

第五章 量纲分析与相似原理 ………………………………………………………………… (63)
  一、学习引导 ………………………………………………………………………………… (63)
  二、习题详解 ………………………………………………………………………………… (66)
  三、思考题与计算题 ………………………………………………………………………… (70)

第六章 黏性流体动力学基础 ………………………………………………………………… (73)
  一、学习引导 ………………………………………………………………………………… (73)
  二、习题详解 ………………………………………………………………………………… (79)
  三、思考题与计算题 ………………………………………………………………………… (87)

第七章 压力管路、孔口和管嘴出流 ………………………………………………………… (93)
  一、学习引导 ………………………………………………………………………………… (93)
  二、习题详解 ………………………………………………………………………………… (97)
  三、思考题与计算题 ………………………………………………………………………… (104)

第八章 理想不可压缩流体平面流动 ………………………………………………………… (115)
  一、学习引导 ………………………………………………………………………………… (115)
  二、习题详解 ………………………………………………………………………………… (122)
  三、思考题与计算题 ………………………………………………………………………… (126)

第九章 经典试题详解 ………………………………………………………………………… (128)
参考文献 ………………………………………………………………………………………… (143)

第一章　绪论

一、学习引导

(一)基本理论

1. 流体的基本概念

流体指可以流动的物质,包括气体和液体。与固体相比,流体分子间的引力较小,分子运动剧烈,分子排列松散,这就决定了流体不能保持一定的形状,具有较大的流动性。

2. 连续介质假设

认为流体质点(微观上充分大,宏观上充分小的分子团)连续地充满了流体所在的整个空间,流体质点所具有的宏观物理量(如质量、速度、压力、温度等)满足一切应该遵循的物理定律及物理性质,例如牛顿定律、质量守恒定律、能量守恒定律、热力学定律,以及扩散、黏性、热传导等输运性质。

3. 液体的相对密度

液体的相对密度是指其密度 ρ 与标准大气压下 4℃纯水的密度 $\rho_水$ 的比值,用 δ 表示,即

$$\delta = \frac{\rho}{\rho_水}$$

注:物理量的数值大小受单位选取的限制,而相对密度为一无量纲量,不受单位的限制。

4. 气体的相对密度

气体的相对密度是指气体密度与特定温度和压力下氢气或者空气的密度的比值。

5. 压缩性

压缩性是指在温度不变的条件下,流体的体积会随着压力的变化而变化的性质。压缩性的大小用体积压缩系数 β_p 表示(Pa^{-1}),即

$$\beta_p = -\frac{1}{V}\frac{dV}{dp}$$

体积压缩系数的倒数称为体积弹性系数,用 E 表示,单位为 Pa,即

$$E = \frac{1}{\beta_p}$$

6. 膨胀性

膨胀性是指在压力不变的条件下,流体的体积会随着温度的变化而变化的性质,其大小用

体积膨胀系数 β_t 表示,单位为 K^{-1},即

$$\beta_t = \frac{1}{V}\frac{dV}{dT}$$

7. 黏性

流体所具有的阻碍流体流动,即阻碍流体质点间相对运动的性质称为黏滞性,简称黏性。

8. 牛顿内摩擦定律

$$\tau = \pm\mu\frac{du}{dy}\left(柱坐标系:\tau = -\mu\frac{du_x}{dr}\right)$$

根据牛顿内摩擦定律可知,只有当速度梯度为零(绝对静止、相对静止)或近似为零(紊流附面层以外的核心区域、圆管层流的轴线处)时,切应力 τ 为零,流体的黏性表现不出来。因速度梯度可正可负,为了保证切应力为正,故存在"±"。

9. 牛顿流体和非牛顿流体

符合牛顿内摩擦定律的流体称为牛顿流体,否则称为非牛顿流体。常见的牛顿流体有空气、水、酒精、特定温度下的石油等;非牛顿流体有聚合物溶液、原油、血液等。

10. 动力黏度

牛顿内摩擦定律中的比例系数 μ 称为流体的动力黏度或黏度,它的大小可以反映流体黏性的大小,其数值等于单位速度梯度引起的黏性切应力的大小。其单位为 $Pa \cdot s$,常用单位有 $mPa \cdot s$、泊(P)、厘泊(cP),其换算关系:

$$1Pa \cdot s = 1000 mPa \cdot s$$
$$1 mPa \cdot s = 1 cP$$
$$1P = 100 cP$$

11. 运动黏度

流体力学中,将动力黏度与密度的比值称为运动黏度,用 ν 来表示,即

$$\nu = \frac{\mu}{\rho}$$

其单位为 m^2/s,常用单位有 mm^2/s、斯(St)、厘斯(cSt),其换算关系:

$$1 m^2/s = 1 \times 10^6 mm^2/s$$
$$1 m^2/s = 1 \times 10^4 St$$
$$1 St = 100 cSt$$

12. 实际流体和理想流体

自然界中的所有流体都是具有黏性的,黏度不为 0 的流体称为黏性流体或者实际流体。但在有些研究中却要引入一种理想化了的流体——没有黏性的流体,称为无黏流体或理想流体,这种流体实际上并不存在。

13. 质量力

质量力作用在每一个流体质点上,并与作用的流体质量成正比。对于均质流体,质量力也必然与流体的体积成正比,所以质量力又称为体积力。

重力、引力、惯性力、电场力和磁场力都属于质量力。

14. 惯性力

1)惯性系和非惯性系

如果在一个参考系中牛顿第二定律能够成立,这个参考系称作惯性参考系,牛顿第二定律不能成立的参考系则称作非惯性参考系,如图1-1所示。

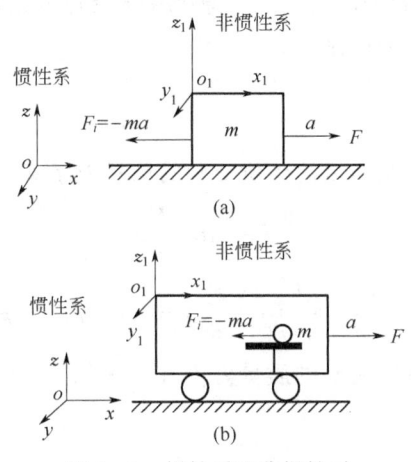

图1-1 惯性系和非惯性系

2)惯性力

在非惯性坐标系中,虚加在物体上的力,其大小等于该物体的质量与非惯性坐标系加速度的乘积,方向与非惯性坐标系加速度方向相反,即

$$F_i = -ma$$

3)达朗伯原理

达朗伯原理是将动力学问题转化为静力学问题来研究,通常用于解决天体受力和流体受力问题。

15. 表面力

表面力作用于所研究的流体的表面上,并与作用面的面积成正比。表面力是由与流体相接触的流体或其他物体作用在分界面上的力,属于接触力,如大气压强、摩擦力等。

(二)重点与难点分析

1. 引入连续介质假设的意义

有了连续介质假设,就可以把一个本来是大量的离散分子或原子的运动问题近似为连续充满整个空间的流体质点的运动问题。而且每个空间点和每个时刻都有确定的物理量,它们都是空间坐标和时间的连续函数,从而可以利用数学分析中连续函数的理论分析流体的流动。

2. 牛顿内摩擦定律的应用

(1)流体的黏性切应力与压力的关系不大,而取决于速度梯度的大小;

(2)牛顿内摩擦定律只适用于层流流动,不适用于紊流流动,紊流流动中除了黏性切应力之外还存在更为复杂的紊流附加应力。

3. 流体黏度与压力和温度之间的关系

流体的黏度与压力的关系不大,但与温度有着密切的关系。液体的黏度随着温度的升高而减小,气体的黏度随着温度的升高而增大。原因在于液体的黏性表现为液体内部的摩擦力,而气体的黏性表现为分子之间的内聚力。

4. 质量力的表示形式

流体力学中质量力采用单位质量流体所受到的质量力 f 来表示,即

$$f = \lim_{\Delta V \to 0} \frac{F}{m}$$

或

$$f = \frac{F_x}{m}i + \frac{F_y}{m}j + \frac{F_z}{m}k = Xi + Yj + Zk$$

式中,X、Y、Z 为单位质量流体所受到的质量力 f 在 x、y、z 三个坐标方向上的分量。

5. 表面力的表示形式

流体力学中表面力常用单位面积上的表面力来表示,即

$$p_n = \lim_{\Delta A \to 0} \frac{\Delta P}{\Delta A}$$

这里的 p_n 代表作用在以 n 为法线方向的单位曲面上的应力。可将 p_n 分解为法向应力 p 和切向应力 τ,法向应力就是物理学中的压强,流体力学中称之为压力。

6. 不可压缩流体

不可压缩流体是指每个质点在运动全过程中密度不变的流体,对于均质的不可压缩流体,密度时时处处都不发生变化,即 ρ 为常数。流体的压缩性可根据第三章介绍的空间运动连续性方程来判断。

7. 牛顿内摩擦定律

牛顿内摩擦定律反映了切应力与剪切应变速度之间的关系。

$$\tau = \pm \mu \frac{du}{dy} = \pm \mu \dot{\gamma}$$

式中,τ 为切应力,Pa;du/dy 为速度梯度,又称剪切应变速度,s^{-1}。牛顿内摩擦定律是最简单的切应力与速度梯度之间的关系,也称为牛顿流体本构方程或流变方程,流体质点的直角变形速度示意如图 1-2 所示。

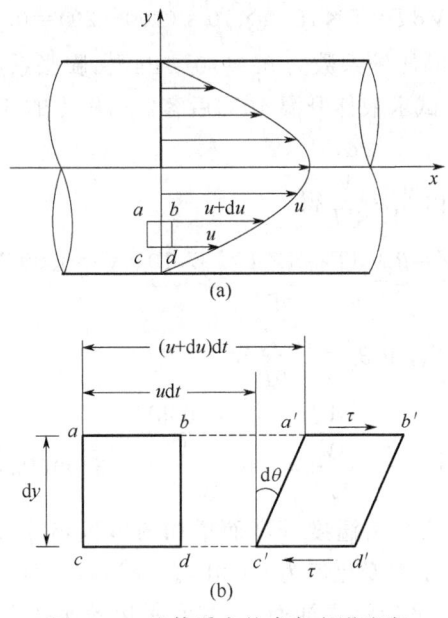

图 1-2 流体质点的直角变形速度

二、习题详解

1-1 体积为 $5m^3$ 的水,其压强从 0.01MPa 增加到 0.05MPa 时,体积减少 $0.001m^3$,试求其体积压缩系数和体积弹性系数。

解:体积压缩系数为

$$\beta_p = -\frac{\frac{dV}{V}}{dp} = -\frac{\frac{-0.001}{5}}{(0.05-0.01)\times 10^6} = 5\times 10^{-9} (Pa^{-1})$$

体积弹性系数为 $E = \frac{1}{\beta_p} = \frac{1}{5\times 10^{-9}} = 2\times 10^8 (Pa)$

1-2 假设图 1-3 所示的采暖系统水温为 20℃时,管线、散热器和锅炉中的总体积为 $10m^3$,水的体积膨胀系数为 $\beta_t = 5\times 10^{-4} K^{-1}$,试求膨胀箱体积不应小于多少?

图 1-3 题 1-2 图

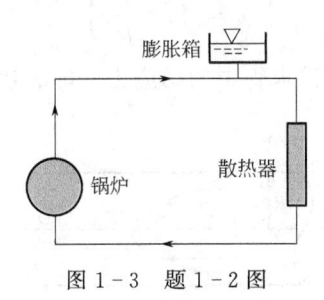

解:按照水的沸点计算膨胀箱最小体积,根据

$$\beta_t = \frac{\frac{dV}{V}}{dT}$$

得到
$$dV = \beta_t V dT = 5\times 10^{-4}\times 10\times(100-20) = 0.4(\text{m}^3)$$

1-3 封闭储液箱内充满压缩系数为 $\beta_p = 10^{-6}\text{Pa}^{-1}$，膨胀系数为 $\beta_t = 5\times 10^{-4}\text{K}^{-1}$ 的液体，假设储液箱容积 V 不变，试求液体升温 10℃ 后容器内压力的变化值。

解：设储液箱容积为 V，由 $\beta_t = \dfrac{\dfrac{dV}{V}}{dT}$ 得

$$dV = \beta_t V dT = 5\times 10^{-4}\times 10\times V = 0.005V$$

这是因温度升高而增加的体积，由 $\beta_p = -\dfrac{\dfrac{dV}{V}}{dp}$ 得

$$dp = -\dfrac{\dfrac{dV}{V}}{\beta_p} = -\dfrac{\dfrac{0.005V}{V}}{10^{-6}} = 5000(\text{Pa})$$

由压力变化而减小的体积应该和由温度升高而增加的体积相等，才能保证储液箱容积不变。所以液体升温 10℃ 后容器内压力变化值为 5000Pa。

1-4 如图 1-4 所示的平板浮在油面上，其水平运动速度为 $u = 1\text{m/s}$，平板的间距 $\delta = 10\text{mm}$，油品的黏度 $\mu = 0.9807\text{Pa}\cdot\text{s}$，求油品作用在平板单位面积上的阻力。

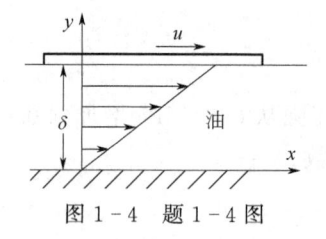

图 1-4 题 1-4 图

解：根据牛顿内摩擦定律

$$\tau = \mu\dfrac{du}{dy}$$

则

$$\tau = \mu\dfrac{u}{\delta} = 0.9807\times\dfrac{1}{0.01} = 98.07(\text{N/m}^2)$$

1-5 图 1-5 所示为圆管层流流动的速度分布，半径 r 处的速度为

$$u = c\left(1 - \dfrac{r^2}{R^2}\right)$$

式中，c 为常数，R 为圆管的半径，试求管中的切应力 τ 的表达式。

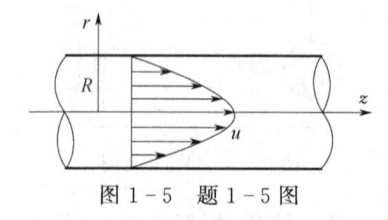

图 1-5 题 1-5 图

解：根据牛顿内摩擦定律

$$\tau = -\mu\dfrac{du}{dr}$$

则
$$\tau = -\mu \frac{\mathrm{d}}{\mathrm{d}r}\left[c\left(1-\frac{r^2}{R^2}\right)\right] = \mu c \frac{2r}{R^2}$$

1-6 如图1-6所示,一直径 $d=0.36\mathrm{m}$ 的轴以转速 $n=240\mathrm{r/min}$ 在空转,轴与轴瓦间充满黏度为 $\mu=0.72\mathrm{Pa\cdot s}$ 的润滑油,轴与轴承的缝隙宽 $\delta=0.2\mathrm{mm}$,轴瓦的长度 $L=1\mathrm{m}$,试求克服润滑油的黏性阻力所需的功率。

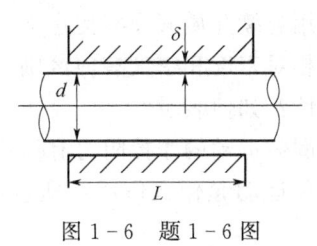

图1-6 题1-6图

解:轴旋转的速度为
$$u = \omega r = \frac{2\pi n}{60} \cdot \frac{d}{2} = \frac{2\times 3.14\times 240}{60} \cdot \frac{0.36}{2} = 4.5216(\mathrm{m/s})$$

克服润滑油的黏性阻力为
$$\tau = \mu \frac{u}{\delta} = 0.72 \times \frac{4.5216}{0.2\times 10^{-3}} = 16277.76(\mathrm{Pa})$$

功率为
$$P = \tau A u = \tau \times 2\pi r L \times u$$
$$= 16277.76 \times 2 \times 3.14 \times \frac{0.36}{2} \times 1 \times 4.5216 = 83199.16(\mathrm{W})$$

1-7 如图1-7所示,一块边长为1m、质量为20kg的正方形平板沿图示的倾角为30°的斜面以0.1m/s的速度匀速下滑,若平板与斜面间充满厚度 δ 为1mm的液体,不计空气阻力,试求液体的动力黏度。

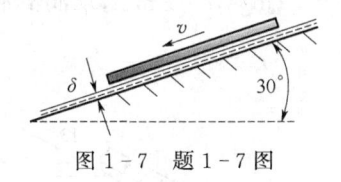

图1-7 题1-7图

解:对平板受力分析得知,平板重力沿斜面的分量应该与黏性阻力相等,即
$$mg\sin 30° = \mu \frac{v}{\delta} A$$

所以
$$\mu = \frac{mg\sin 30°}{\frac{v}{\delta}A} = \frac{20\times 9.8\times 0.5}{\frac{0.1}{0.001}\times 1\times 1} = 0.98(\mathrm{Pa\cdot s})$$

三、思考题与计算题

(一)思考题

1. 什么是连续介质假设？引用连续介质假设有何意义？
2. 什么是液体的相对密度？相对密度和密度有何区别？
3. 何谓液体的压缩性和膨胀性？如何表示？
4. 流体运动的内摩擦阻力与固体运动的摩擦阻力有何不同？
5. 何谓黏滞性？黏滞性对液体运动起什么作用？理想流体在运动时有无能量损失？什么情况下黏性应力为 0？
6. 流体黏度的主要影响因素有哪些？
7. 何谓牛顿内摩擦定律，该定律是否适用于任何液体？
8. 什么是牛顿流体和非牛顿流体，常见的牛顿流体有哪些？
9. 何谓速度梯度？其物理意义如何？
10. 什么是动力黏度、运动黏度，它们之间有何关系，常用单位有哪些？
11. 按作用方式的不同，以下作用力：压力、重力、引力、摩擦力、惯性力、电场力、磁场力中哪些是表面力？哪些是质量力？
12. 流体力学中，质量力和表面力通常采用什么形式表示？
13. 什么是流变性，流变参数有哪些，什么是流变曲线，什么是流变方程？
14. 何谓毛细管现象？试举例说明，哪些情况不能忽略毛细管力？

(二)计算题

1. 如图 1-8 所示，一底面积为 40cm×45cm，高为 1cm 的木块，质量为 5kg，沿着涂有润滑油的斜面等速向下运动。已知 $v=1\text{m/s}, \delta=1\text{mm}$，求润滑油的动力黏度。

(参考答案：$\mu=0.1047\text{Pa}\cdot\text{s}$)

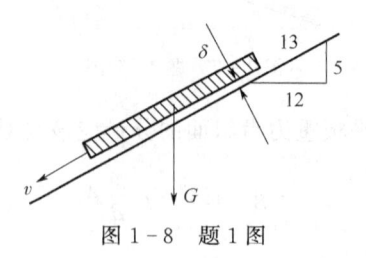

图 1-8 题 1 图

2. 如图 1-9 所示，一个边长为 200mm，重量为 1kN 的正方体滑块在 20°斜面的油膜上滑动，油膜厚度 0.005mm，油的黏度 $\mu=7\times10^{-2}\text{Pa}\cdot\text{s}$。设油膜内速度为线性分布，试求滑块的平衡速度。

(参考答案：$v=0.61\text{m/s}$)

图 1-9 题 2 图

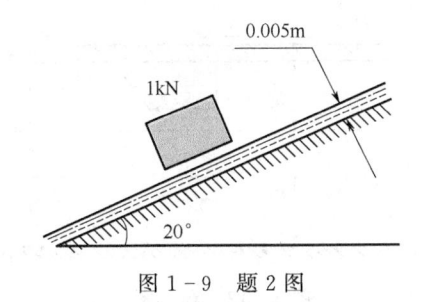

3. 倾角 $\theta=25°$ 的斜面涂有厚度 $\delta=0.5$mm 的润滑油,如图 1-10 所示。一块质量未知,底面积 $A=0.02$m² 的木板沿此斜面以等速度 $v=0.2$m/s 下滑。如果在板上加一个重量 $G_1=5$N 的重物,则下滑速度为 $v_1=0.6$m/s。试求润滑油的动力黏度 μ。

(参考答案:$\mu=0.132$Pa·s)

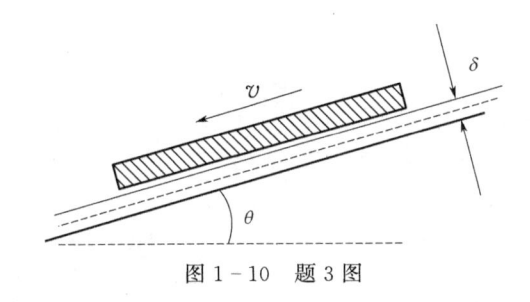

图 1-10 题 3 图

4. 一块很大的薄板放在一个宽度为 0.06m 间隙的中心处,用两种黏度不同的油充满薄板的上、下间隙,如图 1-11 所示。已知一种油的黏度是另一种油的两倍。当以 0.6m/s 的速度拖动平板运动时,薄板两侧油的黏性切力作用在每平方米薄板上的合力是 25N,试计算这两种油的黏度(忽略黏性流的端部效应)。

(参考答案:$\mu_2=2\mu_1=0.834$Pa·s)

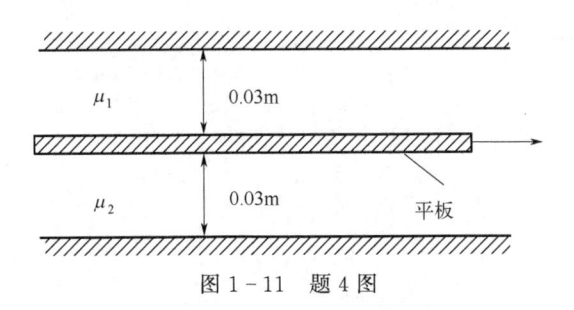

图 1-11 题 4 图

5. 如图 1-12 所示,一平行于固定底面 O—O 的平板 H,面积 $A=0.1$m²,以常速 $v=0.4$m/s 被拖曳移动,平板与底面间有上下两层油液;$\mu_1=0.142$Pa·s 的油液层厚 $h_1=0.8$mm,$\mu_2=0.235$Pa·s 的油液层厚 $h_2=1.2$mm,求所需的拖曳力 T。

(参考答案:$T=3.72$N)

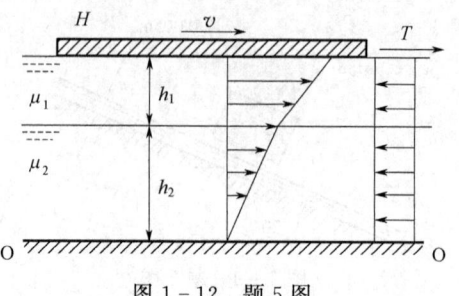

图 1-12 题 5 图

第二章　流体静力学

一、学习引导

(一)基本理论

1. 绝对静止和相对静止

绝对静止是指流体整体对地球没有相对运动。此时,流体所受的质量力只有重力。相对静止是指流体整体对地球有相对运动,但流体质点之间没有相对运动,如等加速水平运动容器中的流体、等角速度旋转容器中的流体。

2. 静压力

在静止流体中,流体单位面积上所受到的垂直于该表面的力,即物理学中的压强,称为流体静压力,简称压力,用 p 表示,单位 Pa。

3. 流体平衡微分方程

当流体处于平衡状态时,作用在单位质量流体上的质量力与压力的合力之间的关系式为流体平衡微分方程,具体如下。

$$\begin{cases} X - \dfrac{1}{\rho}\dfrac{\partial p}{\partial x}=0 \\ Y - \dfrac{1}{\rho}\dfrac{\partial p}{\partial y}=0 \\ Z - \dfrac{1}{\rho}\dfrac{\partial p}{\partial z}=0 \end{cases}$$

4. 等压面及其方程

等压面是指在充满平衡流体的空间里,静压力相等的各点所组成的面。其微分方程为

$$X\mathrm{d}x + Y\mathrm{d}y + Z\mathrm{d}z = 0$$

将质量力代入,积分即可确定等压面方程,进而可以确定等压面的形状。

5. 等压面的性质

在静止流体中(如等加速水平运动容器中和等角速度旋转容器中的平衡流体),等压面与质量力相互垂直,即满足

$$\mathrm{d}\boldsymbol{l} \cdot \boldsymbol{f} = X\mathrm{d}x + Y\mathrm{d}y + Z\mathrm{d}z = 0$$

6. 静力学基本方程式

液体所受质量力只有重力,由 $\mathrm{d}p = \rho(X\mathrm{d}x + Y\mathrm{d}y + Z\mathrm{d}z)$ 得到的关系式,即绝对静止流体中的任意两点满足

$$z_1 + \frac{p_1}{\rho g} = z_2 + \frac{p_2}{\rho g} \left(\text{或 } z + \frac{p}{\rho g} = c\right)$$

7. 静力学基本公式

流体处于静止状态时,流体静压力的分布规律,适用于绝对静止和相对静止。

$$p_A = p_0 + \rho g h$$

8. 静压力的计量标准

(1)绝对标准,以物理真空为零点,此时计量的压力称为绝对压力。
(2)相对标准,以当地大气压为零点,此时计量的压力称为相对压力。

9. 流体静压力的测量

U 形测压管——采用等压面法,即静止的、相互连通的同种液体,同一高度压力相等。通常选取 U 形管中工作液的最低液面为等压面。根据该液面左右两端压力相等,即可求解相应的未知量。

10. 面积矩

$\int_A y \mathrm{d}A$ 为面积 A 对 ox 轴的面积矩;

$\int_A x \mathrm{d}A$ 为面积 A 对 oy 轴的面积矩,如图 2-1 所示。

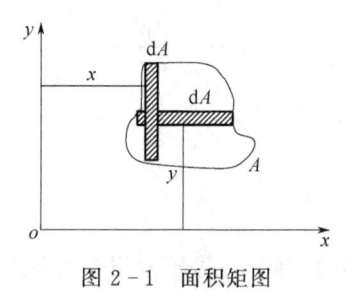

图 2-1 面积矩图

11. 形心

物体的几何中心,均质物体重心与形心重合,如图 2-2 所示。

$$\begin{cases} y_C = \dfrac{\int_A y \mathrm{d}A}{A} \\ x_C = \dfrac{\int_A x \mathrm{d}A}{A} \end{cases}$$

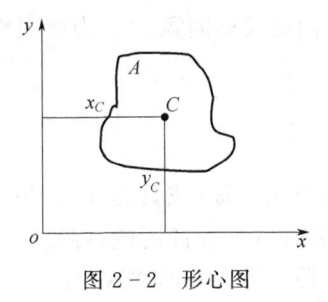

图 2-2 形心图

12. 惯性矩和平行移轴定理

$J_x = \int_A y^2 dA$ 为面积 A 对 ox 轴的惯性矩；

$J_y = \int_A x^2 dA$ 为面积 A 对 oy 轴的惯性矩。

如图 2-3 所示，该面积分别对穿过形心的 x' 轴和 y' 轴取惯性矩，分别用 J_{Cx} 和 J_{Cy} 表示。

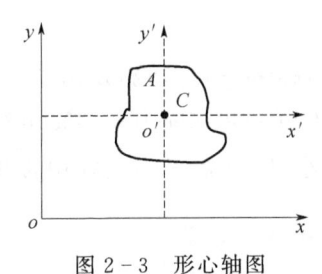

图 2-3 形心轴图

面积 A 对 ox 轴和 oy 轴的惯性矩分别用形心惯性矩表示，即

$$\begin{cases} J_x = J_{Cx} + y_C^2 A \\ J_y = J_{Cy} + x_C^2 A \end{cases}$$

13. 压力中心

压力中心就是总压力的作用点。

$$\begin{cases} y_D = y_C + \dfrac{J_{Cx}}{y_C A} \\ x_D = x_C + \dfrac{J_{Cy}}{x_C A} \end{cases}$$

14. 静止流体作用在平面上的总压力

静止流体作用在平面上的总压力等于形心点的静压力与该面积的乘积，表述为

$$P = \rho g h_C A = p_C A$$

15. 静止流体作用在曲面上的总压力

$$\begin{cases} P_x = \rho g h_C A_x \\ P_y = \rho g h_C A_y \\ P_z = \rho g V \end{cases} \Rightarrow P = \sqrt{P_x^2 + P_y^2 + P_z^2}$$

式中，A_x 为曲面沿水平受力 x 方向的投影面积；A_y 为曲面沿水平受力 y 方向的投影面积；V 为压力体。

16．压力体

压力体是由受力曲面、液体的自由表面（或其延长面）以及两者间的铅垂面所围成的封闭体积。如果压力体与形成压力的液体在曲面的同侧，则称这样的压力体为实压力体，用（＋）来表示，其 P_z 的方向垂直向下。如果压力体与形成压力的液体在曲面的异侧，则称这样的压力体为虚压力体，用（－）来表示，其 P_z 的方向垂直向上。

（二）重点与难点分析

1．静压力常用单位及其之间的换算关系

常用的压力单位：帕（Pa）、巴（bar）、标准大气压（atm）、毫米汞柱（mmHg）、米水柱（mH$_2$O）、工程大气压（at）。

其换算关系：$1\text{bar}=1\times 10^5 \text{Pa}$；$1\text{atm}=1.01325\times 10^5 \text{Pa}$；$1\text{atm}=760\text{mmHg}$；$1\text{atm}=10.34\text{mH}_2\text{O}$；$1\text{mmHg}=133.28\text{Pa}$；$1\text{mH}_2\text{O}=9800\text{Pa}$；$1\text{at}=98000\text{Pa}$。

由此可见静压力的单位非常小，所以在工程实际中常用的单位是 kPa（10^3 Pa）或 MPa（10^6 Pa）。

2．静压力的性质

（1）静压力沿着作用面的内法线方向，即垂直地指向作用面；
（2）静止流体中任何一点上各个方向的静压力大小相等，与作用方向无关。

3．流体平衡微分方程的矢量形式及物理意义

$$f=\frac{1}{\rho}\nabla p$$

式中，∇ 为哈密顿算子，$\nabla=\frac{\partial}{\partial x}\boldsymbol{i}+\frac{\partial}{\partial y}\boldsymbol{j}+\frac{\partial}{\partial z}\boldsymbol{k}$，它本身为一个矢量，同时对其右边的量具有求导的作用，如：$\nabla v=\frac{\partial v}{\partial x}\boldsymbol{i}+\frac{\partial v}{\partial y}\boldsymbol{j}+\frac{\partial v}{\partial z}\boldsymbol{k}$。

该方程的物理意义：当流体处于平衡状态时，作用在单位质量流体上的质量力与压力的合力相平衡。

4．静力学基本方程式的适用条件及其意义

$$z_1+\frac{p_1}{\rho g}=z_2+\frac{p_2}{\rho g}$$

（1）适用条件：重力作用下静止的均质流体。
（2）几何意义：z 称为位置水头，$p/\rho g$ 称为压力水头，$z+p/\rho g$ 为测压管水头。
因此，静力学基本方程的几何意义是：静止流体中测压管水头为常数。

(3)物理意义：z 称为比位能，$p/\rho g$ 代表单位重力流体所具有的压力势能，简称比压能。比位能与比压能之和叫做静止流体的比势能或总比能。

因此，流体静力学基本方程物理意义是：静止流体中总比能为常数。若流体有速度，还存在动能，单位重力流体所具有的动能称为比动能，比位能、比压能、比动能三者之和称为总比能。第四章在介绍伯努利方程时会详细介绍。

5. 流体静压力的表示方法

绝对压力：$p_{ab}=p_a+\rho gh$；

相对压力：$p_M=p_{ab}-p_a=\rho gh$（当 $p_{ab}>p_a$ 时，$p_M>0$，又称为表压）；

真空压力：$p_v=p_a-p_{ab}=-p_M$（当 $p_{ab}<p_a$ 时），如图 2-4 所示。

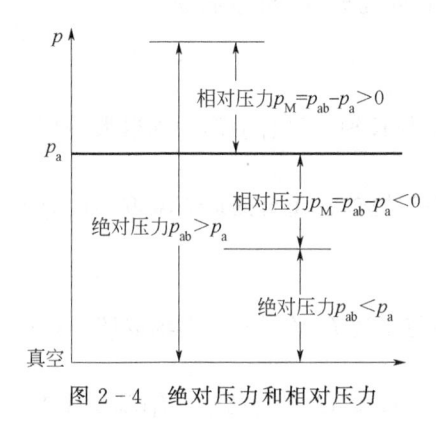

图 2-4 绝对压力和相对压力

举例说明：(1)离心泵正常运转时，泵内部的压力小于大气压，此时相对压力小于 0；(2)抽空的离心泵内部的压力小于外界大气压，此时相对压力小于 0。当相对压力小于 0，即绝对压力小于大气压时，通常用真空度来描述负压的大小。真空度（即真空压力）大于 0，且最大值为一个大气压。

6. 流体平衡微分方程式的应用

(1)分析作用在单位质量流体上的质量力 X、Y、Z，然后应用式 $dp=\rho(Xdx+Ydy+Zdz)$ 确定静压力的分布规律；

(2)应用等压面微分方程 $Xdx+Ydy+Zdz=0$ 确定等压面方程（如自由液面方程），进而确定等压面的形状，也可以根据等压面的形状确定质量力的方向。

7. 等加速水平运动容器中流体的质量力分析

(1)以容器内流体为研究对象，当坐标系建立在地面上时，流体随容器一起以加速度 a 运动，容器两侧壁面对流体的作用力是流体产生加速度 a 的原因，即牛顿第二定律成立，该坐标系为惯性系，如图 2-5 所示。

(2)当坐标系建立在容器上，坐标系随容器一起以加速度 a 运动，此时流体仍然受容器两侧壁面的作用力，合力沿 x 正方向，但流体却相对于坐标系静止，应用达朗伯原理，单位质量流体所受的质量力除考虑重力"$-g$"外，还有沿 x 反方向的惯性力"$-a$"。

图 2-5 等加速直线运动图

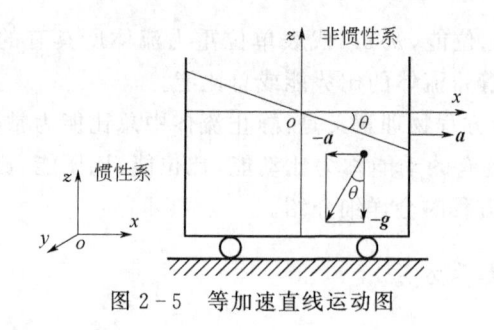

(3)根据以上分析有 $\tan\theta=a/g$,可结合容器的尺寸和液面高度来确定不使水溢出容器的最大允许加速度。

8. 常见规则平面图形通过形心的惯性矩

1)椭圆形

$J_{Cx}=\dfrac{\pi a^3 b}{4}$ 为对穿过形心与长轴 b 重合的形心轴取惯性矩；

$J_{Cy}=\dfrac{\pi a b^3}{4}$ 为对穿过形心与短轴 a 重合的形心轴取惯性矩。

2)矩形

$J_C=\dfrac{BH^3}{12}$ 为对穿过形心与底边 B 平行的形心轴取惯性矩；

$J_C=\dfrac{B^3 H}{12}$ 为对穿过形心与高度 H 平行的形心轴取惯性矩。

9. 画压力体的步骤

(1)将受力曲面根据具体情况分段；
(2)找出各段的等效自由液面；
(3)画出每一段的压力体并确定虚实；
(4)根据虚实相抵的原则将各段的压力体合成,得到最终的压力体。

二、习题详解

2-1 容器中装有水和空气(图 2-6),求 A、B、C 和 D 各点的表压?

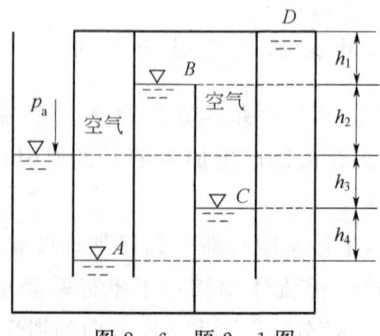

图 2-6 题 2-1 图

解:空气各点压力相同,与空气接触的液面压力即为空气的压力,另外相互连通的同种液体同一高度压力相同,即等压面

$$p_{MA} = \rho g(h_3 + h_4)$$
$$p_{MB} = p_{MA} - \rho g(h_2 + h_3 + h_4) = -\rho g h_2$$
$$p_{MC} = p_{MB}$$
$$p_{MD} = p_{MC} - \rho g(h_1 + h_2 + h_3) = -\rho g(h_1 + 2h_2 + h_3)$$

2-2 如图 2-7 所示的 U 形管中装有水银与水,试求:
(1) A、C 两点的绝对压力及表压。
(2) A、B 两点的高度差 h。

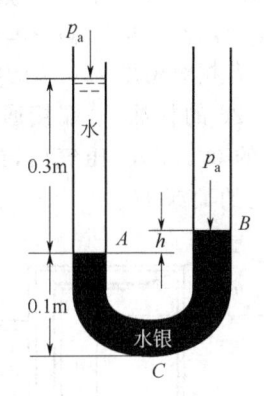

图 2-7 题 2-2 图

解:(1)

$$p_{ab(A)} = p_a + \rho_w g \times 0.3$$
$$= 101325 + 9800 \times 0.3$$
$$= 104265 \text{(Pa)}$$

$$p_{ab(C)} = p_a + \rho_w g \times 0.3 + \rho_H g \times 0.1$$
$$= 101325 + 9800 \times 0.3 + 13600 \times 9.8 \times 0.1$$
$$= 117593 \text{(Pa)}$$

$$p_{MA} = \rho_w g \times 0.3$$
$$= 1000 \times 9.8 \times 0.3$$
$$= 2940 \text{(Pa)}$$

$$p_{MC} = \rho_w g \times 0.3 + \rho_H g \times 0.1$$
$$= 9800 \times 0.3 + 13600 \times 9.8 \times 0.1$$
$$= 16268 \text{(Pa)}$$

(2) 选取 U 形管中水银的最低液面为等压面,则

$$\rho_w g \times 0.3 = \rho_H g h$$

得

$$h = \frac{\rho_w \times 0.3}{\rho_H} = \frac{1 \times 0.3}{13.6} = 2.2 \text{(cm)}$$

2-3 图 2-8 所示的水管上 A、B 两点间的高差为 1m,若 U 形水银压差计的读数为 0.2m,试求 A、B 两点间的压差。

图 2-8 题 2-3 图

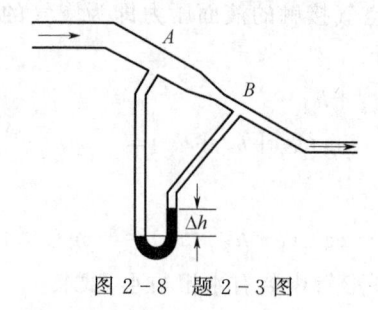

解:选取 U 形管中水银最低液面为等压面,列方程
$$p_A + \rho g(1+0.2) = p_B + \rho_{汞} g \cdot 0.2$$
$$p_A - p_B = (\rho_{汞} - \rho)g \times 0.2 - \rho g \times 1 = 14896(\text{Pa})$$

2-4 如图 2-9 所示,油罐内装有相对密度为 0.7 的汽油,为测定油面高度,利用连通器原理,在 U 形管内装上相对密度为 1.26 的甘油,一端接通油罐顶部空间,一端接压气管。同时,压力管的另一支引入油罐底以上的 0.4m 处,压气后,当液面有气逸出时,根据 U 形管内油面高度差 $\Delta h = 0.7$m 来计算油罐内的油深 H。

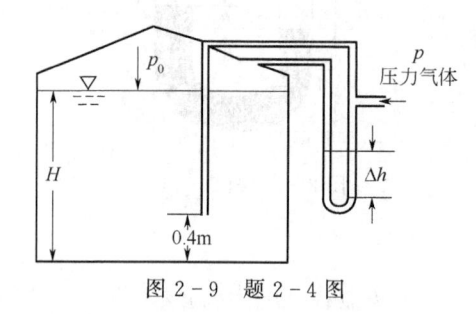

图 2-9 题 2-4 图

解:选取 U 形管中甘油最低液面为等压面,由气体各点压力相等,可知油罐底以上 0.4m 处的油压即为压力管中气体压力,即
$$p_0 + \rho_{go} g \Delta h = p_0 + \rho_o g(H - 0.4)$$
得
$$H = \frac{\rho_{go} \Delta h}{\rho_o} + 0.4 = \frac{1.26 \times 0.7}{0.7} + 0.4 = 1.66(\text{m})$$

2-5 图 2-10 所示为一单位宽度的矩形平板闸门,闸门高为 H,水面与闸门顶齐平。将闸门分成 n 块,若要求每块板所受的总压力相同,试求第 i 块板宽度的表达式。

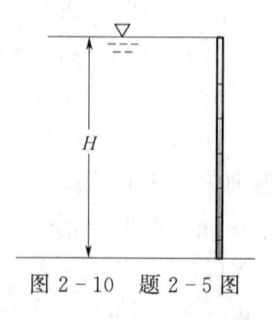

图 2-10 题 2-5 图

解:假设第 i 块板底部所在深度为 h_i,由静止流体作用在平面上的总压力公式计算,$\rho g \dfrac{h_i^2}{2} =$

— 18 —

$\frac{i}{n}\rho g\frac{H^2}{2}$，$h_i=\sqrt{\frac{i}{n}}H$；依次类推，$h_{i-1}=\sqrt{\frac{i-1}{n}}H$；所以第 i 块板宽度应为 $h_i-h_{i-1}=\left(\sqrt{\frac{i}{n}}-\sqrt{\frac{i-1}{n}}\right)H$。

2-6 图 2-11 所示为油罐发油装置，将直径为 d 的圆管伸进罐内，端部切成 45°角，用盖板盖住，盖板可绕管端上面的铰链旋转。已知 $H=5\text{m}$，圆管直径 $d=600\text{mm}$，油品相对密度 $\delta=0.85$，不计盖板重力及铰链的摩擦力，求提升此盖板所需的力的大小？（提示：盖板为椭圆形，要先算出长轴 $2b$ 和短轴 $2a$，就可算出盖板面积 $A=\pi ab$）

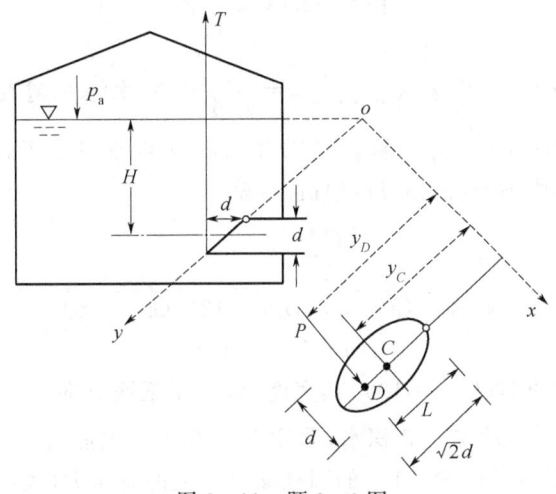

图 2-11 题 2-6 图

解：分析如图 2-11 所示，$a=\frac{d}{2}$，$b=\frac{\sqrt{2}d}{2}$

以盖板上的铰链为支点，根据力矩平衡，即拉力和液体总压力对铰链的力矩平衡，以及切角成 45°可知

$$T\times d=P\times L$$

其中

$$P=\rho_o gH\times A=\rho_o gH\times\pi ab$$
$$=0.85\times 10^3\times 9.8\times 5\times\left(3.14\times\frac{0.6}{2}\times\frac{\sqrt{2}\times 0.6}{2}\right)$$
$$=16643.2(\text{N})$$

$$L=y_D-y_C+\frac{\sqrt{2}d}{2}=\frac{J_C}{y_C A}+\frac{\sqrt{2}d}{2}$$
$$=\frac{\frac{\pi}{4}ab^3}{\sqrt{2}H\times\pi ab}+\frac{\sqrt{2}d}{2}=0.431(\text{m})$$

可得

$$T=\frac{P\times L}{d}=\frac{16643.2\times 0.431}{0.6}=11955.4(\text{N})$$

2-7 图 2-12 所示为一个安全闸门，宽为 0.6m，高为 1.0m。距底边 0.4m 处装有闸门转轴，闸门仅可以绕转轴顺时针方向旋转。不计各处的摩擦力，问门前水深 h 为多深时，闸门

即可自行打开?

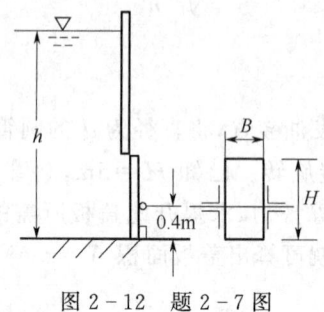

图 2-12 题 2-7 图

解:分析如图 2-12 所示,由公式 $y_D - y_C = \dfrac{J_C}{y_C A}$ 可知,水深 h 越大,则形心和总压力的作用点间距离越小,即压力中心 D 点上移。当压力中心 D 点刚好位于转轴时,闸门刚好平衡,即 $y_D - y_C = 0.1 \mathrm{m}$。则由 $B = 0.6 \mathrm{m}, H = 1 \mathrm{m}$,可知

$$y_D - y_C = \frac{J_C}{y_C A} = \frac{\frac{BH^3}{12}}{(h-0.5)BH} = \frac{1}{12 \times (h-0.5)} = 0.1 (\mathrm{m})$$

得
$$h = 1.33 (\mathrm{m})$$

2-8 有一压力储油箱(图 2-13),其宽度(垂直于纸面方向)$b = 2 \mathrm{m}$,箱内油层厚 $h_1 = 1.9 \mathrm{m}$,密度 $\rho_o = 800 \mathrm{kg/m^3}$,油层下有积水,厚度 $h_2 = 0.4 \mathrm{m}$,箱底有一 U 形水银压差计,所测之值如图所示,试求作用在半径 $R = 1 \mathrm{m}$ 的圆柱面 AB 上的总压力(大小和方向)。

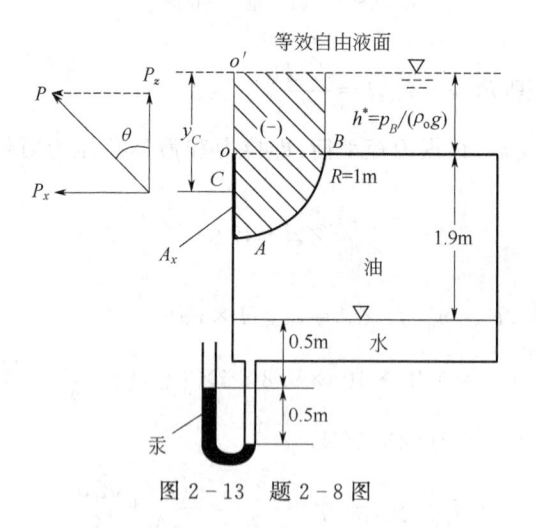

图 2-13 题 2-8 图

解:分析如图 2-13 所示,先需确定自由液面,选取水银压差计最低液面为等压面,则

$$\rho_H g \times 0.5 = p_B + \rho_o g \times 1.9 + \rho_w g \times 1.0$$
$$p_B = \rho_H g \times 0.5 - \rho_o g \times 1.9 - \rho_w g \times 1.0$$
$$= 13600 \times 9.8 \times 0.5 - 800 \times 9.8 \times 1.9 - 1000 \times 9.8$$
$$= 41944 (\mathrm{Pa})$$

由 p_B 不为零可知等效自由液面的高度

$$h^* = \frac{p_B}{\rho_o g} = \frac{41944}{800 \times 9.8} = 5.35(\text{m})$$

曲面水平受力
$$P_x = \rho_o g h_C A_x$$
$$= \rho_o g \left(h^* + \frac{R}{2}\right) R b$$
$$= 800 \times 9.8 \times \left(5.35 + \frac{1}{2}\right) \times 2$$
$$= 91728(\text{N})$$

曲面垂直受力
$$P_z = \rho_o g V$$
$$= \rho_o g \left(\frac{1}{4}\pi R^2 + R h^*\right) b$$
$$= 800 \times 9.8 \times \left(\frac{1}{4} \times 3.14 + 5.35\right) \times 2$$
$$= 96196.8(\text{N})$$

则
$$P = \sqrt{P_x^2 + P_z^2} = \sqrt{91728^2 + 96196.8^2} = 132.92(\text{kN})$$
$$\theta = \arctan\frac{P_x}{P_z} = \arctan\frac{91728}{96196.8} = 43.7°$$

2-9 一个直径 2m，长 5m 的圆柱体放置在图 2-14 所示的斜坡上。求圆柱体所受的水平力和浮力。

解：分析如图 2-14 所示，因为斜坡的倾斜角为 60°，故经 D 点过圆心的直径与自由液面交于 F 点。

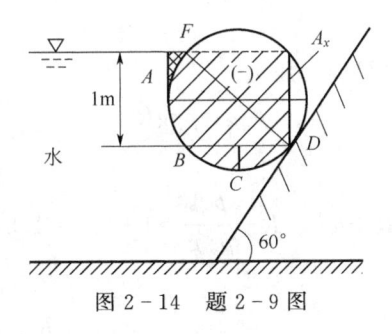

图 2-14 题 2-9 图

BC 段和 CD 段水平方向投影面积相同，力方向相反，相互抵消，故圆柱体所受的水平力
$$P_x = \rho g h_C A_{(F-B)x}$$
$$= 1.0 \times 10^3 \times 9.8 \times 0.5 \times 1 \times 5$$
$$= 24.5(\text{kN})$$

分析圆柱体所受的浮力，分别画出 FA 段和 AD 段曲面的压力体，虚实抵消，则
$$P_z = \rho g (V_1 + V_2)$$
$$= 1.0 \times 10^3 \times 9.8 \times \left(\frac{1}{2} \times 1 \times \sqrt{3} + \frac{1}{2} \times 3.14 \times 1\right) \times 5$$

$$=119.364(kN)$$

2-10 如图 2-15 所示,一个直径 $D=2m$,长 $L=1m$ 的圆柱体,其左半边为油和水,油和水的深度均为 1m。已知油的密度为 $\rho_o=800kg/m^3$,求圆柱体所受水平力和浮力。

解:因为左半边为不同液体,故分别来分析 AB 段和 BC 段曲面的受力情况,如图 2-15 所示。

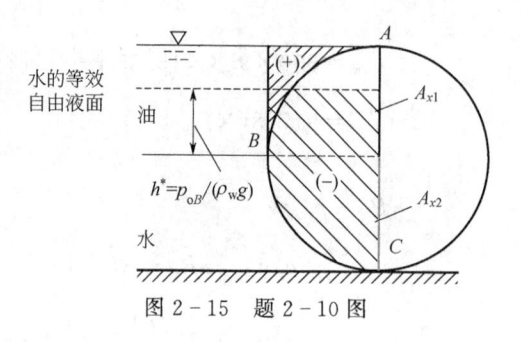

图 2-15 题 2-10 图

(1) AB 曲面受力分析。

$$P_{x1}=\rho_o gh_{C1}A_{x1}=\rho_o g\times\frac{R}{2}\times RL$$
$$=800\times9.8\times0.5\times1\times1$$
$$=3.92(kN)$$

$$P_{z1}=\rho_o g\left(R^2-\frac{1}{4}\pi R^2\right)\times L$$
$$=800\times9.8\times\left(1\times1-\frac{1}{4}\times3.14\times1\right)\times1$$
$$=1.686(kN)$$

(2) BC 曲面受力分析。

首先确定自由液面,由油水界面的压力

$$p_{oB}=\rho_o gR$$

可确定等效自由液面高度

$$H=R+h^*=R+\frac{p_{oB}}{\rho_w g}=1+0.8=1.8(m)$$

则

$$P_{x2}=\rho_w gh_{C2}A_{x2}=\rho_w g\times\left(h^*+\frac{R}{2}\right)\times RL$$
$$=1\times10^3\times9.8\times(0.8+0.5)\times1$$
$$=12.74(kN)$$

$$P_{z2}=\rho_w g(V_1+V_2)=\rho_w g\left(R\times h^*+\frac{1}{4}\pi R^2\right)\times L$$
$$=1\times10^3\times9.8\times\left(1\times0.8+\frac{1}{4}\times3.14\times1\right)\times1$$
$$=15.533(kN)$$

则圆柱体受力

$$P_x = P_{x1} + P_{x2} = 3.92 + 12.74 = 16.66 (\text{kN})$$
$$P_z = P_{z2} - P_{z1} = 15.533 - 1.686 = 13.847 (\text{kN})(方向向上)$$

2-11 尺寸为 0.1m×0.1m×0.5m，质量为 5kg 的长方体浮箱铅直地置于图 2-16 所示的水箱中，用直径为 0.05m，长度为 1m 的空心支撑杆通过铰链将浮体与壁面相连，不计铰链和支撑杆质量，试求浮箱在水中的浸没深度 D。

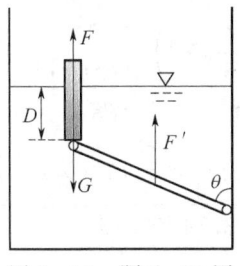

图 2-16　题 2-11 图

解：对长方形浮箱和空心支杆受力分析，长方形浮箱受到自身重力 G 和浮力 F，空心支杆受到浮力记作 F'，如图 2-16 所示。由于长方体浮箱受到的重力和浮力的合力与空心支杆受到的浮力作用在不同的位置，所以应用力矩平衡求解。取与水箱接触的铰链为 o 点，对 o 点取矩。设空心支撑杆长度为 l，有

$$(G-F) \times l \times \sin\theta = F' \times \frac{l}{2} \times \sin\theta$$

即
$$5 \times 9.8 - 1000 \times 9.8 \times 0.1 \times 0.1 \times D = 1000 \times 9.8 \times \frac{\pi}{4} \times 0.05^2 \times \frac{1}{2}$$

解得
$$D = 0.4 (\text{m})$$

2-12 如图 2-17 所示，一盛水的密闭容器，中间用隔板将其分隔为上下两部分。隔板中有一直径 $d = 0.25$m 的圆孔，并用一个直径 $D = 0.5$m，质量 $M = 139$kg 的圆球堵塞。设容器顶部压力表读数 $p_M = 5000$Pa，求测压管中水面高 x 大于多少时，圆球即被总压力向上顶开？

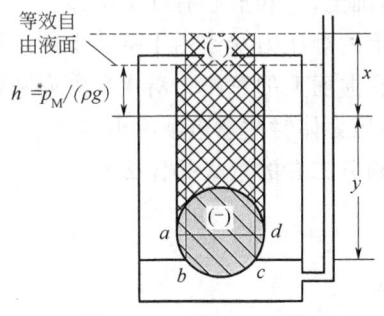

图 2-17　题 2-12 图

解：分析如图 2-17 所示，由于液面不是自由液面，需将液面压力转化为该液体的等效高度 h^*，确定等效自由液面。然后将整个钢球曲面分段，分别考虑受力。

首先考虑隔板上面的液体对曲面的作用力，即分别画出 ad 段、ab 段和 cd 段曲面的压力体；再考虑隔板下面液体对曲面的作用力，即画出 bc 段曲面的压力体；最后压力体虚实抵消，图中虚压力体（一）为一球体和圆柱体体积之和，其中圆柱体底面直径为隔板圆孔直径。

根据受力分析可知,当 x 值等于某一值时,圆球所受的浮力和重力相同,当 x 大于该值时圆球即被顶开,由受力平衡可确定这一临界值。

$$\rho g(V_1 + V_2) = Mg$$

$$\rho g \left[\frac{4}{3}\pi R^3 + \frac{1}{4}\pi d^2(x - h^*)\right] = Mg$$

则

$$x = \frac{4\left(\dfrac{M}{\rho} - \dfrac{4}{3}\pi R^3\right)}{\pi d^2} + \frac{p_M}{\rho g}$$

$$= \frac{4\left(\dfrac{139}{1000} - \dfrac{4}{3} \times 3.14 \times 0.25^3\right)}{3.14 \times 0.25^2} + \frac{5000}{1000 \times 9.8} = 2.0 \text{(m)}$$

三、思考题与计算题

(一)思考题

1. 何谓绝对静止和相对静止？
2. 什么是静压力,常用单位有哪些,其换算关系如何？
3. 流体平衡微分方程是如何确定的,其物理意义是什么,有哪些应用？
4. 什么是等压面,等压面有什么性质,如何应用等压面微分方程来确定等压面的形状？
5. 静力学基本方程式的适用条件和物理意义是什么？
6. 什么是静力学基本公式,它适用于相对静止吗？
7. 常用的静压力计量标准有几种,有什么区别？
8. 流体静压力测量方法中的等压面法的原理是什么,应注意哪些问题？
9. 何谓物体的形心,如何确定？
10. 什么是压力中心,如何确定,它和形心有什么关系？
11. 流体作用在平面形心上的静压力和作用于平面上的总压力有何关系？
12. 如何求静止流体作用在曲面上的总压力沿水平方向和铅直方向的分力？
13. 什么是压力体,在绘制压力体时注意事项有哪些？
14. 什么是虚、实压力体,划分二者的意义是什么？

(二)计算题

1. 密闭容器,如图 2-18 所示,侧壁上方装有 U 形管水银压差计,读值 $h = 0.2\text{m}$。试求安装在水面下 3.5m 处的压力表读值。

(参考答案:$p_M = 7.64\text{kPa}$)

2. 两个盛水容器,用油压差计连接,如图 2-19 所示。已知油的密度 $\rho = 800\text{kg/m}^3$,压差计中的液面高差 $\Delta h = 0.5\text{m}$,求两容器中的水面高差 x。

(参考答案:$x = 10\text{cm}$)

图 2-18 题 1 图

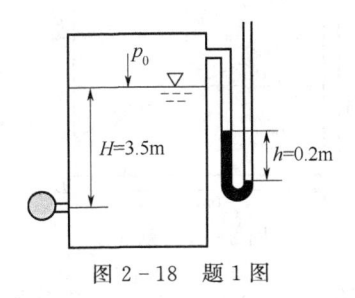

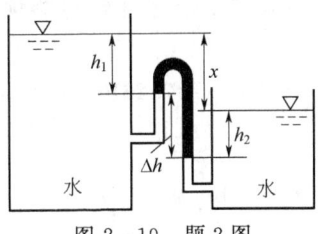

图 2-19 题 2 图

3. 水车长 3m,宽 1.5m,高 1.8m,盛水深 1.2m,如图 2-20 所示。试问为使水不溢出,加速度 a 的最大允许值是多少。

(参考答案:$a = 3.92 \text{m/s}^2$)

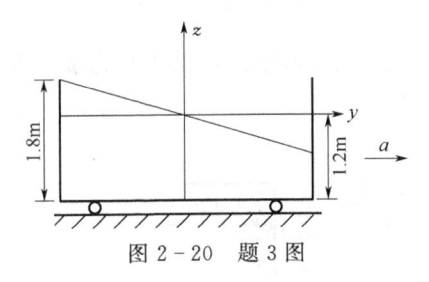

图 2-20 题 3 图

4. 已知 U 形管水平段长 $l = 30 \text{cm}$,当它沿水平方向作等加速运动时,液面高差 $h = 5 \text{cm}$,如图 2-21 所示。试求它的加速度。

(参考答案:$a = 1.63 \text{m/s}^2$)

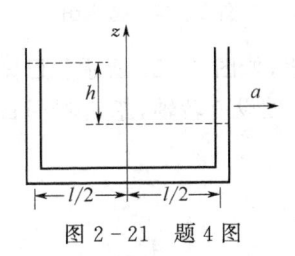

图 2-21 题 4 图

5. 一个矩形容器如图 2-22 所示,长 6m,深 2m,宽 2m,内装 1m 深的水。如果沿容器长度方向的水平加速度 $a = 2.5 \text{m/s}^2$,试求:(1)容器左右两端上所受液体的总压力;(2)使液体产生此加速度所需的力 F(两端受力之差);(3)如果装满水,加速度 $a = 2 \text{m/s}^2$,则液体溢出的体积为多少。

[参考答案:(1)$P_左 = 30529 \text{N}, P_右 = 541 \text{N}$;(2)$F = 30 \text{kN}$;(3)$V = 7.34 \text{m}^3$]

— 25 —

图 2-22 题 5 图

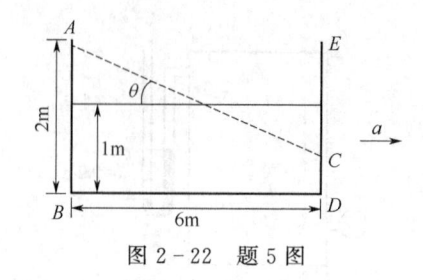

6. 圆柱形容器的直径 $D=30\text{cm}$，高 $H=50\text{cm}$，盛水深 $h=30\text{cm}$，如图 2-23 所示。若容器以等角速度 ω 绕轴旋转，试求(1)能使水恰好升到容器顶边的转速 n；(2)当 $n=100\text{r/min}$ 时，B、C 两点的压强。

[参考答案：(1) $n=178.6\text{r/min}$；(2) $p_C=2323\text{Pa}$，$p_B=3557\text{Pa}$]

图 2-23 题 6 图

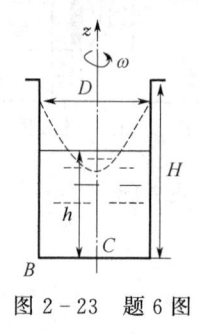

7. 盛有水的密闭容器，如图 2-24 所示。水面压强为 p_0，当容器自由下落时，求容器内压强分布规律。

(参考答案：$p=p_0$)

图 2-24 题 7 图

8. 矩形平板闸门 AB 一侧挡水，如图 2-25 所示。已知长 $l=2\text{m}$，宽 $b=1\text{m}$，形心点水深 $h_C=2\text{m}$，倾角 $\alpha=45°$，闸门上缘 A 处设有转轴，忽略闸门自重及门轴摩擦力。试求开启闸门所需拉力 T。

(参考答案：$T=31\text{kN}$)

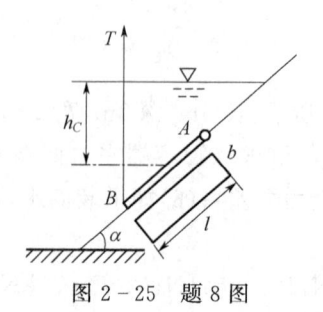

图 2-25 题 8 图

9. 矩形平板闸门,宽 $b=0.8$m,高 $h=1$m,如图 2-26 所示。若要求箱中水深 h_1 超过 2m 时,闸门即可自动开启,铰链的位置 y 应是多少?

(参考答案:$y=4/9$m)

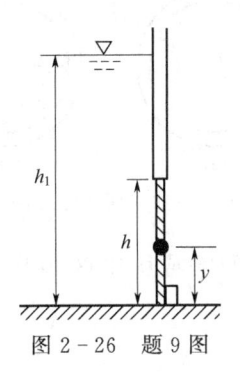

图 2-26 题 9 图

10. 金属的矩形平板闸门,宽 1m,由两根工字钢横梁支撑,如图 2-27 所示。闸门高 $h=3$m,容器中水面与闸门顶齐平,如要求两横梁所受的力相等,两根工字钢的位置 y_1,y_2 应各为多少。

(参考答案:$y_1=1.42$m,$y_2=2.82$m)

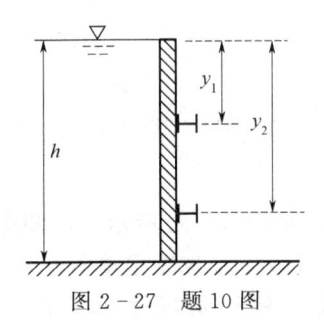

图 2-27 题 10 图

11. 密闭盛水容器如图 2-28 所示,已知 $h_1=60$cm,$h_2=100$cm,水银压差计读值 $\Delta h=25$cm。试求半径 $R=0.5$m 的半球形盖 AB 所受总压力的水平分力 P_x 和铅垂分力 P_z。

(参考答案:$P_x=29233.4$N,$P_z=2564.3$N)

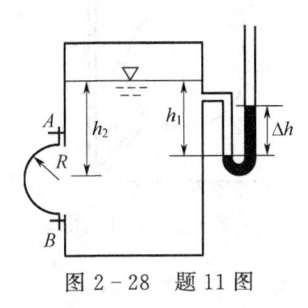

图 2-28 题 11 图

12. 压力管道如图 2-29(a)所示,直径 $D=200$mm,管壁的允许应力 $[\sigma]=25$kN/mm^2。管壁厚 $\delta=10.5$mm,试求管道内液体的最大允许压强。(考虑制造缺陷及腐蚀影响,壁厚按规

定范围留一定安全余量,$e=4$mm)

（参考答案:$P_{max}=1625$MPa）

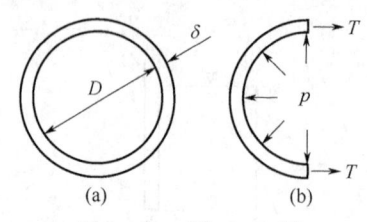

图 2-29 题 12、13 图

13. 如图 2-29(b)所示,一水管的压强为 4903.5kPa,管内径 $D=1$m,管材的允许拉应力 $[\sigma]=147.1$MPa,求管壁应有的厚度。

（参考答案:$e=1.7$cm）

14. 一弧形闸门 AB,如图 2-30 所示,宽 $b=2$m,圆心角 $\alpha=30°$,半径 $r=3$m,闸门转轴与水平面齐平,求作用在闸门上静水总压力的大小与方向(即合力与水平面的夹角)。

（参考答案:$P=23.435$kN,19.8°）

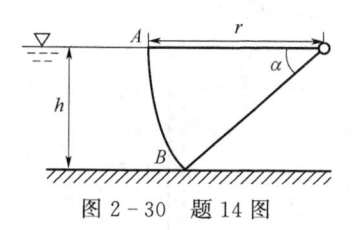

图 2-30 题 14 图

15. 球形密闭容器内部充满水,如图 2-31 所示。已知测压管水面标高 $\nabla_1=8.5$m,球外自由水面标高 $\nabla_2=3.5$m。球直径 $D=2$m,球壁重量不计。试求:(1)作用在半球连接螺栓上的总拉力;(2)作用于支撑下半球垂直柱上的水平力和竖直力。

[参考答案:(1)153.86kN,(2)$P_x=0$,$P_z=0$]

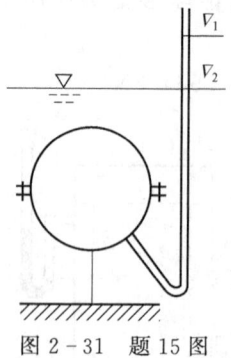

图 2-31 题 15 图

16. 圆柱形压力水罐如图 2-32 所示,半径 $R=0.5$m,长 $l=2$m,压力表读值 $P_M=23.72$kPa。试求:(1)端部平面盖板所受水压力;(2)上、下半圆筒所受水压力;(3)连接螺栓所受总拉力。

（参考答案:(1)$P=22.47$kN;(2)$P_{z上}=49.54$kN,$P_{z下}=64.93$kN;(3)$T=49.54$kN）

图 2-32 题 16 图

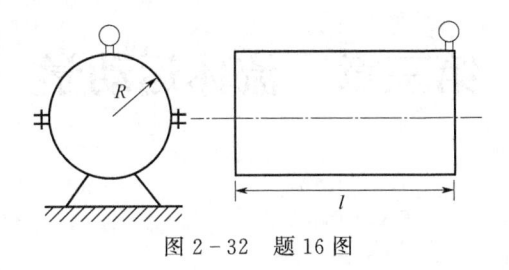

17. 如图 2-33 所示，一球形容器由两个半球面铆接而成，铆钉有 n 个，内盛密度 ρ 的液体，求每一个铆钉受到的拉力。

$$\left(\text{参考答案}：\frac{\rho g \pi R^2 (H-R/3)}{n}\right)$$

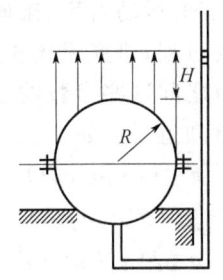

图 2-33 题 17 图

18. 如图 2-34(a)所示，矩形平板门(尺寸为 $l \times w$)，试用 γ_w、l、w 表示 A 点的反作用力。如图 2-34(b)所示，对于柱形门，其 A 点作用力比平板门大、小，还是相等？忽略门重。

[参考答案：(1) $0.51 \gamma_w l^2 w$；(2) 小]

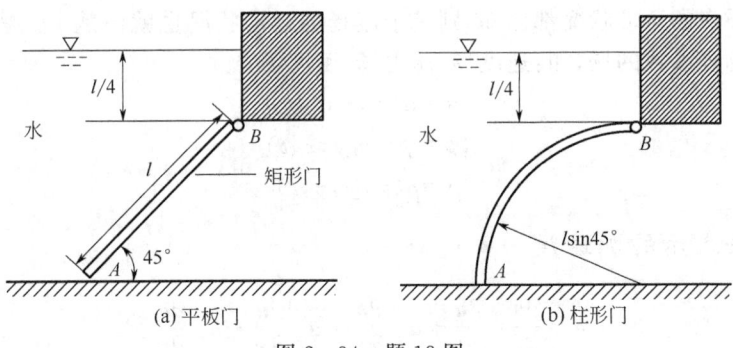

(a) 平板门　　(b) 柱形门

图 2-34 题 18 图

第三章　流体运动学

一、学习引导

(一)基本理论

1. 拉格朗日法

拉格朗日法是从分析单个流体质点的运动着手,来研究整个流体的流动。它着眼于流体质点,设法描述出单个流体质点的运动过程,研究流体质点的速度、加速度、密度、压力等参数随时间的变化规律,以及相邻流体质点之间这些参数的变化规律。如果知道了所有流体质点的运动状况,整个流体的运动状况也就知道了。如:

$$\begin{cases} \boldsymbol{r} = \boldsymbol{r}(a,b,c,t) \\ p = p(a,b,c,t) \\ \rho = \rho(a,b,c,t) \end{cases}$$

2. 欧拉法

欧拉法是从分析流体所占据的空间中各固定点处的质点运动着手,来研究整个流体的流动。它的着眼点不是流体质点,而是空间点,即设法描述出空间点处质点的运动参数,如速度和加速度随时间的变化规律,以及相邻空间点之间这些参数的变化规律。如果不同时刻每一空间点处流体质点的运动状况都已知,则整个流场的运动状况也就清楚了。物理量在空间的分布即为各种物理参数的场,如:速度场、压力场、密度场

$$\begin{cases} \boldsymbol{u} = \boldsymbol{u}(x,y,z,t) \\ p = p(x,y,z,t) \\ \rho = \rho(x,y,z,t) \end{cases}$$

3. 欧拉法表示的加速度

$$\boldsymbol{a} = \frac{\mathrm{d}\boldsymbol{u}}{\mathrm{d}t} = \frac{\partial \boldsymbol{u}}{\partial t} + u_x \frac{\partial \boldsymbol{u}}{\partial x} + u_y \frac{\partial \boldsymbol{u}}{\partial y} + u_z \frac{\partial \boldsymbol{u}}{\partial z}$$

或

$$\boldsymbol{a} = \frac{\mathrm{d}\boldsymbol{u}}{\mathrm{d}t} = \frac{\partial \boldsymbol{u}}{\partial t} + (\boldsymbol{u} \cdot \nabla)\boldsymbol{u}$$

分量形式

$$\begin{cases} a_x = \frac{\mathrm{d}u_x}{\mathrm{d}t} = \frac{\partial u_x}{\partial t} + u_x \frac{\partial u_x}{\partial x} + u_y \frac{\partial u_x}{\partial y} + u_z \frac{\partial u_x}{\partial z} \\ a_y = \frac{\mathrm{d}u_y}{\mathrm{d}t} = \frac{\partial u_y}{\partial t} + u_x \frac{\partial u_y}{\partial x} + u_y \frac{\partial u_y}{\partial y} + u_z \frac{\partial u_y}{\partial z} \\ a_z = \frac{\mathrm{d}u_z}{\mathrm{d}t} = \frac{\partial u_z}{\partial t} + u_x \frac{\partial u_z}{\partial x} + u_y \frac{\partial u_z}{\partial y} + u_z \frac{\partial u_z}{\partial z} \end{cases}$$

1)当地加速度或时变加速度

$\partial \boldsymbol{u}/\partial t$ 表示在同一空间点上由于流动的不稳定性引起的加速度,称为当地加速度或时变加速度。(注:对于同一空间点,速度随时间的变化率)

2)迁移加速度或位变加速度

$(\boldsymbol{u} \cdot \nabla)\boldsymbol{u}$ 表示同一时刻由于流动的不均匀性引起的加速度,称为迁移加速度或位变加速度。(注:对于同一时刻,速度随空间位置的变化率)

3)质点导数

质点导数又称为随体导数,由时变导数和位变导数两部分组成。

$$\frac{\mathrm{d}}{\mathrm{d}t} = \frac{\partial}{\partial t} + (\boldsymbol{u} \cdot \nabla) = \frac{\partial}{\partial t} + u_x \frac{\partial}{\partial x} + u_y \frac{\partial}{\partial y} + u_z \frac{\partial}{\partial z}$$

4. 稳定流动和不稳定流动

如果流场中每一空间点上的所有运动参数均不随时间变化,则称为稳定流动,也称作恒定流动或定常流动。如稳定流动的速度场可描述为

$$\boldsymbol{u} = \boldsymbol{u}(x, y, z)$$

如果流场中每一空间点上的部分或所有运动参数随时间变化,则称为不稳定流动,也称作非恒定流动或非定常流动。不稳定流动的速度场可描述为

$$\boldsymbol{u} = \boldsymbol{u}(x, y, z, t)$$

5. 一元、二元和三元流动

元就是需要几个空间坐标来描述流动。三元流动即需三个空间坐标来描述,如

$$\boldsymbol{u} = \boldsymbol{u}(x, y, z, t)$$

6. 迹线和流线

流体质点在不同时刻的运动轨迹称为迹线。

流线是用来描述流场中各点流动方向的曲线,即矢量场的矢量线。在某一时刻该曲线上任意一点处质点的速度矢量与此曲线相切。

7. 流面和流管

在流场中作一条非流线曲线,则通过此曲线上每一点的所有流线将构成一个曲面,这个曲面称为流面。如果所选的曲线是封闭的,则流面为管状曲面,称为流管。

8. 流束和总流

充满流管内部的流体的集合称为流束,断面无穷小的流束称为微小流束。管道内流动的流体的集合称为总流。

9. 有效断面

流束或总流上垂直于流线的断面,称为有效断面。有效断面可以是平面也可以是曲面。流体在喇叭形管道内流动时,有效断面则为曲面。

10. 流量

单位时间内流经有效断面的流体量,称为流量。流量有两种表示方法,一是体积流量,用 Q 表示,单位为 m^3/s;另一种为质量流量,用 Q_m 表示,单位为 kg/s。

11. 平均流速

实际流体流动的有效断面上各点处的速度大小都是不一样的,工程上为了将问题简化,引入有效断面上速度的平均值,称为平均流速,以 v 表示。平均流速的物理意义就是假想有效断面上各点的速度相等,而按平均流速流过的流量与实际上以不同的速度流过流量正好相等。

12. 系统

所谓系统,就是确定物质的集合。系统以外的物质称为环境。系统与环境的分界面称为边界。系统与拉格朗日法相对应。

13. 控制体

所谓控制体,是指根据需要所选择的具有确定位置和体积形状的流场空间。控制体的表面称为控制面。控制体与欧拉法相对应。

14. 输运定理(公式)

$$\left(\frac{dm}{dt}\right)_{系统} = 控制体内流体质量变化率 + 输出控制面质量流量 - 输入控制面质量流量$$

针对控制体,系统的动量 mv(和能量 E)的变化率也有类似的表述。

15. 一元稳定流动的连续性方程

1) 一个进口和一个出口

$$Q_m = \rho A v = 常数(对不可压缩流体 Q = Av = 常数)$$

2) 多个进出口的情况

$$\sum Q_{mi} = \sum \rho_i A_i v_i = 0(对不可压缩流体 \sum Q_i = \sum A_i v_i = 0)$$

16. 均匀流和非均匀流

流线为平行直线的流动称为均匀流(如流体在等直径圆形管道中;底坡、断面形状与尺寸和粗糙系数都不变的顺坡长直渠道中),否则称为非均匀流。

(二)重点与难点分析

1. 流动的分类

(1)按照流动介质划分:牛顿流体和非牛顿流体的流动;理想流体和实际流体的流动;可压缩流体和不可压缩流体的流动;单相流体和多相流体的流动等。

(2)按照流动状态划分:稳定流动和不稳定流动;层流流动和紊流流动;有旋流动和无旋流动;亚声速流动和超声速流动等。

(3)按照描述流动所需的空间坐标数目又可划分为:一元流动、二元流动和三元流动。

2. 时变加速度和位变加速度

(1) $\dfrac{\partial \boldsymbol{u}}{\partial t}$（稳定流动时为零）;

(2) $u_x \dfrac{\partial \boldsymbol{u}}{\partial x} + u_y \dfrac{\partial \boldsymbol{u}}{\partial y} + u_z \dfrac{\partial \boldsymbol{u}}{\partial z}$（将 u_x、u_y、u_z 代替 $\boldsymbol{u}$,可求得 a_x、a_y、a_z）。

3. 加速度的表达形式

(1)加速度的矢量形式。
$$\boldsymbol{a} = a_x \boldsymbol{i} + a_y \boldsymbol{j} + a_z \boldsymbol{k}$$

(2)加速度的大小。
$$a = \sqrt{a_x^2 + a_y^2 + a_z^2}$$

4. 迹线方程的确定

(1)迹线的参数方程。
$$\begin{cases} x = x(a,b,c,t) \\ y = y(a,b,c,t) \\ z = z(a,b,c,t) \end{cases}$$

(2)迹线的微分方程。
$$\dfrac{\mathrm{d}x}{u_x(x,y,z,t)} = \dfrac{\mathrm{d}y}{u_y(x,y,z,t)} = \dfrac{\mathrm{d}z}{u_z(x,y,z,t)} = \mathrm{d}t$$

通常的解法是,将上式整理成下式再求解一阶线性微分方程
$$\begin{cases} \dfrac{\mathrm{d}x}{\mathrm{d}t} = u_x(x,y,z,t) \\ \dfrac{\mathrm{d}y}{\mathrm{d}t} = u_y(x,y,z,t) \\ \dfrac{\mathrm{d}z}{\mathrm{d}t} = u_z(x,y,z,t) \end{cases}$$

5. 流线方程的确定

1)直角坐标系中的流线微分方程

已知欧拉法表示的速度场,代入流线微分方程并求解
$$\dfrac{\mathrm{d}x}{u_x(x,y,z,t)} = \dfrac{\mathrm{d}y}{u_y(x,y,z,t)} = \dfrac{\mathrm{d}z}{u_z(x,y,z,t)}$$

2)极坐标系中的流线微分方程
$$\dfrac{\mathrm{d}r}{v_r} = \dfrac{r\mathrm{d}\theta}{v_\theta}$$

在平面流动中这两种坐标系的速度分量的关系分别为

$$u_x = v_r\cos\theta - v_\theta\sin\theta, \quad u_y = v_r\sin\theta + v_\theta\cos\theta$$

$$v_r = u_x\cos\theta + u_y\sin\theta, \quad v_\theta = -u_x\sin\theta + u_y\cos\theta$$

6. 流线的性质

(1) 流线不能相交,但可以相切;

(2) 流线在驻点($u=0$)或者奇点($u\to\infty$)处可以相交;

(3) 稳定流动时流线的形状和位置不随时间变化;

(4) 对于不稳定流动,如果不稳定仅仅是由速度的大小随时间变化引起的,则流线的形状和位置不随时间变化,迹线也与流线重合;如果不稳定仅仅是由速度的方向随时间变化引起的,则流线的形状和位置会随时间变化,迹线与流线不重合;

(5) 流线的疏密程度反映出流速的大小。流线密集的地方速度大,流线稀疏的地方速度小。

7. 系统的特点

(1) 系统始终包含着相同的流体质点;

(2) 系统的形状和位置可以随时间变化;

(3) 边界上可以有力的作用和能量的交换,但不能有质量的交换。

8. 控制体的特点

(1) 控制体内的流体质点是不固定的;

(2) 控制体的位置和形状不会随时间变化;

(3) 控制面上不仅可以有力的作用和能量交换,而且还可以有质量的交换。

9. 直角坐标系下的空间运动的连续性方程

将适用于系统的质量守恒定律改写为适用于控制体的连续性方程。

$$\frac{\partial\rho}{\partial t} + \frac{\partial(\rho u_x)}{\partial x} + \frac{\partial(\rho u_y)}{\partial y} + \frac{\partial(\rho u_z)}{\partial z} = 0$$

或

$$\frac{\mathrm{d}\rho}{\mathrm{d}t} + \mathrm{div}(\rho\boldsymbol{u}) = 0$$

对稳定流动,有

$$\frac{\partial(\rho u_x)}{\partial x} + \frac{\partial(\rho u_y)}{\partial y} + \frac{\partial(\rho u_z)}{\partial z} = 0$$

或

$$\mathrm{div}(\rho\boldsymbol{u}) = 0$$

对不可压缩流体,有

$$\frac{\partial u_x}{\partial x} + \frac{\partial u_y}{\partial y} + \frac{\partial u_z}{\partial z} = 0$$

或

$$\mathrm{div}\boldsymbol{u} = 0$$

10. 柱坐标系下不可压缩流体的空间运动连续性方程

柱坐标系(r,θ,z)

$$\frac{1}{r}\frac{\partial}{\partial r}(ru_r)+\frac{1}{r}\frac{\partial(u_\theta)}{\partial \theta}+\frac{\partial(u_z)}{\partial z}=0$$

根据是否满足上述方程可判断流体的可压缩性。同时可以根据不可压缩的性质,应用空间运动连续性方程求某一速度分量。

11. 流体有旋、无旋的判定

$$\begin{cases}\omega_x=\dfrac{1}{2}\left(\dfrac{\partial u_z}{\partial y}-\dfrac{\partial u_y}{\partial z}\right)\\ \omega_y=\dfrac{1}{2}\left(\dfrac{\partial u_x}{\partial z}-\dfrac{\partial u_z}{\partial x}\right)\\ \omega_z=\dfrac{1}{2}\left(\dfrac{\partial u_y}{\partial x}-\dfrac{\partial u_x}{\partial y}\right)\end{cases}$$

上式的矢量形式为

$$\boldsymbol{\omega}=\omega_x\boldsymbol{i}+\omega_y\boldsymbol{j}+\omega_z\boldsymbol{k}=\frac{1}{2}\begin{vmatrix}\boldsymbol{i}&\boldsymbol{j}&\boldsymbol{k}\\ \dfrac{\partial}{\partial x}&\dfrac{\partial}{\partial y}&\dfrac{\partial}{\partial z}\\ u_x&u_y&u_z\end{vmatrix}=\frac{1}{2}\mathrm{rot}\boldsymbol{u}=\frac{1}{2}\nabla\times\boldsymbol{u}$$

流体力学中,把 $\boldsymbol{\omega}=0$ 的流动称为无旋流动,它是流动有势的充要条件,第八章会详细介绍。把 $\boldsymbol{\omega}\neq 0$ 的流动称为有旋流动。

二、习题详解

3-1 已知流场的速度分布为

$$\boldsymbol{u}=x^2y\boldsymbol{i}-3y\boldsymbol{j}+2z^2\boldsymbol{k}$$

该流动属几元流动?$(x,y,z)=(3,1,2)$ 点的加速度多大?

解:(1)由流场的速度分布可知

$$\begin{cases}u_x=x^2y\\ u_y=-3y\\ u_z=2z^2\end{cases}$$

流动属三元流动。

(2)由加速度公式

$$\begin{cases}a_x=\dfrac{\mathrm{d}u_x}{\mathrm{d}t}=\dfrac{\partial u_x}{\partial t}+u_x\dfrac{\partial u_x}{\partial x}+u_y\dfrac{\partial u_x}{\partial y}+u_z\dfrac{\partial u_x}{\partial z}\\ a_y=\dfrac{\mathrm{d}u_y}{\mathrm{d}t}=\dfrac{\partial u_y}{\partial t}+u_x\dfrac{\partial u_y}{\partial x}+u_y\dfrac{\partial u_y}{\partial y}+u_z\dfrac{\partial u_y}{\partial z}\\ a_z=\dfrac{\mathrm{d}u_z}{\mathrm{d}t}=\dfrac{\partial u_z}{\partial t}+u_x\dfrac{\partial u_z}{\partial x}+u_y\dfrac{\partial u_z}{\partial y}+u_z\dfrac{\partial u_z}{\partial z}\end{cases}$$

得

$$\begin{cases} a_x = 2x^3y^2 - 3x^2y \\ a_y = 9y \\ a_z = 8z^3 \end{cases}$$

故过(3,1,2)点的加速度

$$\begin{cases} a_x = 2\times 3^3 \times 1 - 3\times 3^2 \times 1 = 27 \\ a_y = 9\times 1 = 9 \\ a_z = 8\times 2^3 = 64 \end{cases}$$

其矢量形式为:$\boldsymbol{a} = 27\boldsymbol{i} + 9\boldsymbol{j} + 64\boldsymbol{k}$,大小 $a = 70$。

3-2 已知流场速度分布为 $u_x = x^2, u_y = y^2, u_z = z^2$,试求 $(x,y,z) = (2,4,8)$ 点的迁移加速度?

解:由流场的迁移加速度

$$\begin{cases} a_x = u_x \dfrac{\partial u_x}{\partial x} + u_y \dfrac{\partial u_x}{\partial y} + u_z \dfrac{\partial u_x}{\partial z} \\ a_y = u_x \dfrac{\partial u_y}{\partial x} + u_y \dfrac{\partial u_y}{\partial y} + u_z \dfrac{\partial u_y}{\partial z} \\ a_z = u_x \dfrac{\partial u_z}{\partial x} + u_y \dfrac{\partial u_z}{\partial y} + u_z \dfrac{\partial u_z}{\partial z} \end{cases} \quad 得 \quad \begin{cases} a_x = 2x^3 \\ a_y = 2y^3 \\ a_z = 2z^3 \end{cases}$$

故(2,4,8)点的迁移加速度

$$\begin{cases} a_x = 2\times 2^3 = 16 \\ a_y = 2\times 4^3 = 128 \\ a_z = 2\times 8^3 = 1024 \end{cases}$$

矢量形式:$\boldsymbol{a} = 16\boldsymbol{i} + 128\boldsymbol{j} + 1024\boldsymbol{k}$,大小 $a = 1032$。

3-3 有一段扩张管如图 3-1 所示。已知 $u_1 = 8\text{m/s}, u_2 = 2\text{m/s}, l = 1.5\text{m}$。试分别求 1,2 两断面上的迁移加速度。

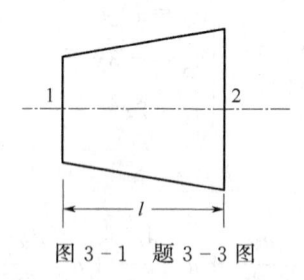

图 3-1 题 3-3 图

解:因为是一段扩张管,其流动方向为从 1 点所在断面流到 2 点所在断面。设从 1 点流动到 2 点的方向为 x 方向,由流场的迁移加速度

$$a_x = u_x \dfrac{\partial u_x}{\partial x}$$

其中:

$$\dfrac{\partial u_x}{\partial x} = \dfrac{u_2 - u_1}{l} = \dfrac{2-8}{1.5} = -4(\text{s}^{-1})$$

则 2 点的迁移加速度为

$$a_1 = u_1 \frac{\partial u_x}{\partial x} = 8 \times (-4) = -32 (\text{m/s}^2)$$

$$a_2 = u_2 \frac{\partial u_x}{\partial x} = 2 \times (-4) = -8 (\text{m/s}^2)$$

3-4 某平面流动的速度为 $u_x = -4y, u_y = 4x$。求流线方程。

解：由流线微分方程

$$\frac{\mathrm{d}x}{u_x} = \frac{\mathrm{d}y}{u_y}$$

将速度分量代入流线微分方程并简化，得

$$\frac{\mathrm{d}x}{-y} = \frac{\mathrm{d}y}{x}$$

整理，得

$$x\mathrm{d}x + y\mathrm{d}y = 0$$

两边积分，解得流线方程

$$x^2 + y^2 = c$$

可见流线为一簇同心圆，当 c 取不同值时，即为不同的流线。

3-5 已知平面流动的速度的极坐标表达式分别为：(1) $u_r = 0, u_\theta = c/r$；(2) $u_r = 0, u_\theta = cr$。试分析这两个流动。

解：(1)根据速度的极坐标可以得到速度的直角坐标平面表达形式为

$$\begin{cases} u_x = -u_\theta \sin\theta = -\frac{c}{r}\sin\theta = -\frac{c}{r}\frac{y}{r} = -\frac{cy}{r^2} = -\frac{cy}{x^2+y^2} \\ u_y = u_\theta \cos\theta = \frac{c}{r}\cos\theta = \frac{c}{r}\frac{x}{r} = \frac{cx}{r^2} = \frac{cx}{x^2+y^2} \end{cases}$$

代入流线微分方程

$$\frac{\mathrm{d}x}{u_x} = \frac{\mathrm{d}y}{u_y}$$

得

$$\frac{\mathrm{d}x}{-cy} = \frac{\mathrm{d}y}{cx}$$

变形化简得到

$$x\mathrm{d}x + y\mathrm{d}y = 0$$

两边积分可解得流线方程

$$x^2 + y^2 = c$$

可见流线为以原点为圆心一系列同心圆，c 取不同值时即为不同的流线。

(2)根据速度的极坐标可以得到速度的直角坐标平面表达形式为

$$\begin{cases} u_x = -u_\theta \sin\theta = -cr\sin\theta = -cy \\ u_y = u_\theta \cos\theta = cr\cos\theta = cx \end{cases}$$

代入流线微分方程

$$\frac{\mathrm{d}x}{u_x} = \frac{\mathrm{d}y}{u_y}$$

得
$$\frac{\mathrm{d}x}{-cy}=\frac{\mathrm{d}y}{cx}$$

变形化简得到
$$x\mathrm{d}x+y\mathrm{d}y=0$$

两边积分可解得流线方程
$$x^2+y^2=c$$

可见流线为以原点为圆心一系列同心圆，c 取不同值时即为不同的流线。

3-6 进口截面为 300mm×400mm 的矩形孔道，风量为 2700m³/h，求进口处的平均流速。如风道出口处的截面收缩为 150mm×400mm，求该处断面平均流速。

解：由平均流速公式
$$v=\frac{Q}{A}$$

得
$$v=\frac{Q}{bh}=\frac{2700}{0.3\times0.4\times3600}=6.25(\mathrm{m/s})$$

如风道出口处截面收缩为 150mm×400mm，则
$$v=\frac{Q}{bh}=\frac{2700}{0.15\times0.4\times3600}=12.5(\mathrm{m/s})$$

3-7 假设圆管流动的速度分布为
$$u(r)=u_{\max}\left(1-\frac{r^2}{R^2}\right)$$

式中，R 为圆管的半径，试求圆管中的平均流速 v。

解：根据流量与平均流速的公式，得
$$v=\frac{Q}{A}=\frac{\int_A u\mathrm{d}A}{A}=\frac{\int_0^R u2\pi r\mathrm{d}r}{A}$$

代入速度分布公式得
$$v=\frac{Q}{A}=\frac{\frac{u_{\max}}{2}\pi R^2}{\pi R^2}=\frac{u_{\max}}{2}$$

此时，平均流速为最大流速的一半。

三、思考题与计算题

(一)思考题

1. 描述流体运动的拉格朗日法和欧拉法有什么区别？为什么常用欧拉法？
2. 欧拉法中加速度如何表示？什么是当地加速度和迁移加速度？
3. 质点导数的物理意义是什么？
4. 为什么要对流体进行分类？通常根据什么将流动分为稳定流和不稳定流？

5. 空气绕过飞机、汽车和建筑物的流动属于几元流动？在工程计算允许的误差范围内，在处理实际问题时是否可以将流动简化为二元流动甚至一元流动来近似求解？

6. 什么是迹线、流线、流速、有效断面、平均流速和流量？有效断面只能是平面吗？流速与平均流速、流量关系如何？

7. 流线有何特点？它与迹线有何区别？流线和迹线有无重合的情况？

8. 质量流量和体积流量之间有何关系？常用单位是什么？

9. 什么是系统和控制体，为什么要引入控制体？它们各有什么特点？

10. 什么是输运定理？输运定理应用在哪些方面？

11. 连续性方程的物理意义是什么？

12. 一元稳定流动的连续性方程 $v_1 A_1 = v_2 A_2$ 的物理意义是什么？

13. 何谓均匀流及非均匀流？以上分类与过流断面上流速分布是否均匀有何关系？

14. 稳定流动和不稳定流动，层流流动和紊流流动，有旋流动和无旋流动等是根据什么划分的？

15. 如何求得流动的迹线方程？

16. 稳定流动和不稳定流动的空间运动连续性方程有何区别？

17. 不可压缩流体空间运动连续性方程有何应用？

18. 流体微团的运动包括几种，它与固体的运动有何区别？

19. 如何判断流动是否有旋？

20. 定水头水平等直径圆管中，流体流动的时变加速度和位变加速度分别为多少？

(二) 计算题

1. 已知流速场 $u_x = xy^3, u_y = -\frac{1}{3}y^3, u_z = xy$，试求：(1) 点(1,2,3)的加速度；(2) 是几元流动；(3) 是恒定流还是非恒定流。

   [参考答案：(1) $a = 36.27 \text{m/s}^2$；(2) 二元流动；(3) 恒定流动]

2. 已知速度场 $u_x = 2t + 2x + 2y, u_y = t - y + z, u_z = t + x - z$。求流场中 $x = 2, y = 2, z = 1$ 的点在 $t = 3$ 时的加速度。

   (参考答案：$a = 35.68 \text{m/s}^2$)

3. 已知流场速度分布为 $u = x^2 y, v = -3y, w = 2z^2$，求点(1,2,3)处的流体加速度。

   (参考答案：$a = 216.76 \text{m/s}^2$)

4. 已知平面流动的速度分布为 $v_r = \left(1 - \frac{1}{r^2}\right)\cos\theta, v_\theta = -\left(1 + \frac{1}{r^2}\right)\sin\theta$，试计算点(0,1)处的加速度。

   (参考答案：$a = 2 \text{m/s}^2$)

5. 已知平面流场的速度分布为 $u = x + t, v = -y + 2t$，试求 $t = 1$ 时经过坐标原点的流线方程。

   [参考答案：$(x+1)(-y+2) = 2$]

6. 已知下列平面流场的速度分布，求流线方程：

   (1) $u = -4x + 2, v = 4y - 2$

(2) $u = x^2 + 2x - 4y, v = -2xy - 2y$

(3) $v_r = -\dfrac{1}{r}, v_\theta = \dfrac{1}{r}$

(4) $v_r = \left(1 - \dfrac{1}{r^2}\right)\cos\theta, v_\theta = -\left(1 + \dfrac{1}{r^2}\right)\sin\theta$

(5) $u = x^2, v = 2y, w = yz$

[参考答案:(1)$(4y-2)(-4x+2)=c$;(2)$x^2y - 2xy - 2y^2 = c$;(3)$r = c\mathrm{e}^{-\theta}$;(4)$\dfrac{r^2-1}{r}\sin\theta = c$;(5)$y = 2\ln z + c$]

7. 已知平面流动的流速分布 $u_x = a, u_x = b$,其中 a、b 为常数。求流线方程。

$\left(\text{参考答案}: y = \dfrac{b}{a}x + c\right)$

8. 已知平面流动的速度分布为 $u_x = -\dfrac{cy}{x^2+y^2}, u_y = \dfrac{cx}{x^2+y^2}$,其中 c 为常数。求流线方程。

(参考答案:$x^2 + y^2 = c$)

9. 已知平面流动的速度场为 $\mathbf{u} = (4y - 6x)t\mathbf{i} + (6y - 9x)t\mathbf{j}$。求 $t = 1$ 时的流线方程。

(参考答案:$2y - 3x = c$)

10. 已知圆管中流速分布为 $u = u_{\max}\left(\dfrac{y}{r_0}\right)^{\frac{1}{7}}$,其中 r_0 为圆管半径,y 为离开管壁的距离,$u_{\max}$ 为管轴处最大流速。求流速等于断面平均流速的点离管壁的距离 y。

(参考答案:$y = 0.6r_0$)

11. 不可压缩流体,下面的运动是否满足连续性条件?

(1) $u_x = 2x^2 + y^2, u_y = x^3 - x(y^2 - 2y)$;

(2) $u_x = xt + 2y, u_y = xt^2 - yt$;

(3) $u_x = y^2 + 2xz, u_y = -2yz + x^2yz, u_z = \dfrac{1}{2}x^2z^2 + x^3y^4$

[参考答案:(1)不满足;(2)满足;(3)不满足]

12. 已知速度场 $u_x = cx^2yz, u_y = y^2z - cxy^2z$,其中 c 为常数。试求坐标 z 方向的速度分量 u_z。

(参考答案:$u_z = -yz^2$)

13. 已知不可压缩流体平面流动在 y 方向的速度分量为 $u_y = y^2 - 2x + 2y$。求速度在 x 方向的分量 u_x。

(参考答案:$u_x = -2xy - 2x$)

14. 验证下列速度分布满足不可压缩流体的连续性方程。

(1) $u = -(2xy + x), v = y^2 + y - x^2$

(2) $v_r = 2r\cos 2\theta + \dfrac{1}{r}, v_\theta = -2r\sin 2\theta$

(3) $u = \dfrac{x}{x^2 + y^2}, v = \dfrac{y}{x^2 + y^2}$

(参考答案:均满足)

15. 已知速度场 $u_x = \dfrac{1}{\rho}(y^2 - x^2), u_y = \dfrac{1}{\rho}(2xy), u_z = \dfrac{1}{\rho}(-2tz), \rho = t^2$,试问流动是否满足连续性条件。

(参考答案:满足)

16. 下面两个流动,哪个有旋?哪个无旋?哪个有角变形?哪个无角变形?

(1) $u_x = -ay, u_y = ax, u_z = 0$,式中 a 为常数。

(2) $u_x = -\dfrac{cy}{x^2 + y^2}, u_y = \dfrac{cx}{x^2 + y^2}, u_z = 0$,式中 c 为常数。

[参考答案:(1)有旋,无角变形,(2)无旋,有角变形]

第四章　流体动力学

一、学习引导

(一)基本理论

1. 欧拉运动微分方程

它是描述作用在理想流体上的力与流体运动加速度之间的关系式,即牛顿第二定律在理想流体中的又一表现形式,是研究理想流体各种运动规律的基础,适用于所有的理想流体流动。

$$\begin{cases} X - \dfrac{1}{\rho}\dfrac{\partial p}{\partial x} = \dfrac{\mathrm{d}u_x}{\mathrm{d}t} \\ Y - \dfrac{1}{\rho}\dfrac{\partial p}{\partial y} = \dfrac{\mathrm{d}u_y}{\mathrm{d}t} \\ Z - \dfrac{1}{\rho}\dfrac{\partial p}{\partial z} = \dfrac{\mathrm{d}u_z}{\mathrm{d}t} \end{cases} \quad 或 \quad \begin{cases} X - \dfrac{1}{\rho}\dfrac{\partial p}{\partial x} = \dfrac{\partial u_x}{\partial t} + u_x\dfrac{\partial u_x}{\partial x} + u_y\dfrac{\partial u_x}{\partial y} + u_z\dfrac{\partial u_x}{\partial z} \\ Y - \dfrac{1}{\rho}\dfrac{\partial p}{\partial y} = \dfrac{\partial u_y}{\partial t} + u_x\dfrac{\partial u_y}{\partial x} + u_y\dfrac{\partial u_y}{\partial y} + u_z\dfrac{\partial u_y}{\partial z} \\ Z - \dfrac{1}{\rho}\dfrac{\partial p}{\partial z} = \dfrac{\partial u_z}{\partial t} + u_x\dfrac{\partial u_z}{\partial x} + u_y\dfrac{\partial u_z}{\partial y} + u_z\dfrac{\partial u_z}{\partial z} \end{cases}$$

其矢量形式可表述为

$$\boldsymbol{f} - \dfrac{1}{\rho}\nabla p = \dfrac{\mathrm{d}\boldsymbol{u}}{\mathrm{d}t}$$

式中,$\boldsymbol{u}$ 为速度,$\boldsymbol{u} = u_x\boldsymbol{i} + u_y\boldsymbol{j} + u_z\boldsymbol{k}$;$\rho$ 为密度,$\rho(x,y,z,t)$;p 为压力,$p(x,y,z,t)$。

2. 理想流体伯努利方程

$$z + \dfrac{p}{\rho g} + \dfrac{v^2}{2g} = c$$

其物理意义是:单位重力流体沿流线或微小流束流动时,机械能守恒。式中 c 为常数,不同的流线取值不同。上式便是流体力学著名的伯努利方程式。对同一条流线或微小流束上的任意两点,则有

$$z_1 + \dfrac{p_1}{\rho g} + \dfrac{v_1^2}{2g} = z_2 + \dfrac{p_2}{\rho g} + \dfrac{v_2^2}{2g}$$

适用条件:理想不可压缩流体,质量力只有重力,单位重力流体沿稳定流的流线或微小流束流动。

3. 缓变流

缓变流是指流线之间的夹角比较小和流线曲率半径比较大的流动。

注:(1)曲率 $K = \left|\dfrac{\mathrm{d}\alpha}{\mathrm{d}s}\right| = \dfrac{1}{a}$,其中 a 为曲率半径,可见曲率半径越小曲率越大,即弯曲程度

越厉害；

(2)急变流：流线的曲率半径 a 很小，流线之间的夹角 β 很大的流动。如渐扩管、渐缩管、变径管、弯头处流体的流动。

4. 动能修正系数

动能修正系数是总流有效断面上单位重力流体的实际动能对按平均流速算出的假想动能的比值，用 α 表示。

α 是由于断面上速度分布不均匀引起的，不均匀性越大，α 值越大。在圆管紊流运动中 $\alpha=1.05\sim1.10$，在圆管层流运动中 $\alpha=2$。在工程实际计算中由于流速水头本身所占的比例较小，故一般常取 $\alpha=1$。

5. 实际流体总流的伯努利方程

$$e = z + \frac{p}{\rho g} + \frac{\alpha v^2}{2g}$$

对于总流上任意两个缓变流断面，以 $h_{w_{1-2}}$ 代表单位重力流体由 1 断面流到 2 断面的水头损失，则实际流体总流的伯努利方程为

$$z_1 + \frac{p_1}{\rho g} + \frac{\alpha_1 v_1^2}{2g} = z_2 + \frac{p_2}{\rho g} + \frac{\alpha_2 v_2^2}{2g} + h_{w_{1-2}}$$

6. 水力坡降

沿流程单位管长上的水头损失称为水力坡降，用 i 表示，即

$$i = \frac{h_{w_{1-2}}}{L}$$

水力坡降的大小代表了能量递减的快慢，其数值为总水头线的斜率。圆管层流的沿程水头损失与速度成正比例，则对于定水头的等直径圆管段来说 i 为定值，即总水头线为一直线，且测压管水头线和总水头线平行。

7. 水头线

根据伯努利方程的几何意义，方程中的每一项都表示一个液柱高度，z 叫做位置水头，表示从某基准面到该点的位置高度；$p/\rho g$ 叫做压力水头，表示按该点的压力换算的高度，$v^2/2g$ 叫做流速水头，表示动能转化为位置势能时的折算高度；$h_{w_{1-2}}$ 也代表一个高度，叫做水头损失。所以，可以沿流程把它们以曲线的形式描绘出来。位置水头的连线就是位置水头线；压力水头加在位置水头之上，其顶点的连线是测压管水头线；测压管水头线再加上流速水头，其顶点的连线就是总水头线。

8. 扬程

泵使单位重力液体增加的能量通常称为泵的扬程，用 H 来表示。

(二)重点与难点分析

1. 理想流体伯努利方程的意义

$$z_1 + \frac{p_1}{\rho g} + \frac{v_1^2}{2g} = z_2 + \frac{p_2}{\rho g} + \frac{v_2^2}{2g}$$

1)几何意义

z、$\frac{p}{\rho g}$以及两者之和的几何意义分别表示位置水头、压力水头和测压管水头,$\frac{v^2}{2g}$称为速度水头,三者之和称为总水头。

因此,理想流体伯努利方程的几何意义为:沿流线总水头为常数。

2)物理意义

z、$\frac{p}{\rho g}$分别称为比位能和比压能,$\frac{v^2}{2g}$表示单位重力流体所具有的动能,称为比动能,三者之和称为总比能。

因此,理想流体伯努利方程的物理意义为:沿流线总比能为常数。

2. 实际流体总流的伯努利方程的适用条件

$$z_1 + \frac{p_1}{\rho g} + \frac{\alpha_1 v_1^2}{2g} = z_2 + \frac{p_2}{\rho g} + \frac{\alpha_2 v_2^2}{2g} + h_{w_{1-2}}$$

式中,α_1、α_2为动能修正系数,工程中常取1;v_1、v_2为总流1、2断面的平均流速;$h_{w_{1-2}}$为1、2两断面间单位重力流体的能量损失。

适用条件:稳定流,不可压缩流体,作用于流体上的质量力只有重力,而且所取断面为缓变流断面。

3. 应用实际流体伯努利方程时应注意的几点事项

(1)实际流体总流的伯努利方程不是对任何流动都适用的,必须注意适用条件。

(2)方程式中的位置水头是相比较而言的,只要求基准面是水平面就可以。为了方便起见,常常取两个计算点中较低的一点所在水平面作为基准面,这样可以使方程式中的位置水头一个是0,另一个为正值。

(3)在选取断面时,尽可能使两个断面只包含一个未知数。但两个断面的平均流速可以通过连续性方程求得,只要知道一个流速,就能算出另一个流速。换句话说,有时需要同时使用伯努利方程和连续性方程来求解两个未知数。

(4)两个断面所用的压力标准必须一致,一般多用表压。

(5)方程中动能修正系数α可以近似取1。

4. 画水头线的步骤

(1)画出矩形边线。

(2)据各断面的位置水头画出位置水头线,位置水头线也就是管线的轴线。

(3)根据水头损失的计算结果画出总水头线,总水头线一定要正确地反映出水力坡度的变化情况(注意:变径管、渐缩管和渐扩管总水头线的画法)。

(4)再依据压力水头的大小画出测压管水头线。注意以下两点,一是测压管水头线与总水头线的高差必须能够反映出速度水头的变化情况,二是测压管水头线与位置水头线之间的高差必须能够正确地反映出压力水头的变化情况。

(5)给出必要的标注。

5. 带泵的伯努利方程

在运用伯努利方程时,如果所取两个计算断面中一个位于泵的前面,另一个位于泵的后面,即液体流经了泵,那么就必须考虑两个断面之间由于泵的工作而外加给液体的能量,此时的伯努利方程为

$$z_1+\frac{p_1}{\rho g}+\frac{v_1^2}{2g}+H=z_2+\frac{p_2}{\rho g}+\frac{v_2^2}{2g}+h_{w_{1-2}}$$

6. 泵的有效功率

$$N_\text{泵}=\rho g Q H$$

泵的额定功率、管径为定值,当流量 Q 增大时,引起平均流速增大,水力坡降增加,同时扬程减小。可见,流量增大的同时输送距离减小。流量 Q 与扬程 H 之间的关系曲线称为泵的特性曲线,可用于确定最佳流量。泵的有效功率与泵轴功率(即额定功率)之比称为泵效,用 $\eta_\text{泵}$ 表示,即

$$\eta_\text{泵}=\frac{N_\text{泵}}{N_\text{轴}}$$

电动机的效率 $\eta_\text{电}$

$$\eta_\text{电}=\frac{N_\text{轴}}{N_\text{电}}$$

7. 动量方程

1)一元稳定流动的动量方程

$$\sum \boldsymbol{F}=\rho Q(\boldsymbol{v}_2-\boldsymbol{v}_1)$$

它的物理意义是:在一元稳定流中,作用在控制体上的合力等于单位时间内流出与流入控制体的流体的动量差。其分量形式为

$$\begin{cases}\sum F_x=\rho Q(v_{2x}-v_{1x})\\ \sum F_y=\rho Q(v_{2y}-v_{1y})\\ \sum F_z=\rho Q(v_{2z}-v_{1z})\end{cases}$$

一元稳定流动的动量方程仅适用于一个进口和一个出口的控制体。在解题时常结合空间运动连续性方程。

2)适用于多个进出口控制体的动量方程

$$\sum \boldsymbol{F}=\sum \rho_i Q_i \boldsymbol{v}_i$$

8. 应用动量方程的步骤

(1)选取控制体；
(2)建立坐标系(一般选取出口方向为 x 方向)；
(3)分析受力；
(4)分别列 x、y 方向的动量方程并求解。

二、习题详解

4-1 直径 $d=100\text{mm}$ 的虹吸管，位置如图 4-1 所示。求流量和 1、2、3、4 各点的位置水头 z、压力水头 $p/(\rho g)$、流速水头 $u^2/(2g)$ 值。不计水头损失。

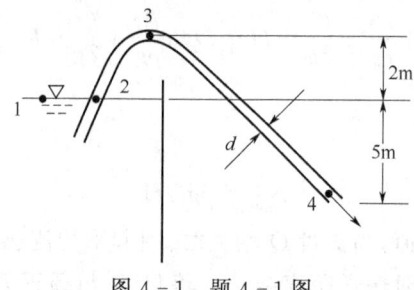

图 4-1 题 4-1 图

解：列 1、4 两点伯努利方程，记过 4 点的流速为 u_4，以过 4 点的水平面为基准面。

$$5+0+0=0+0+\frac{u_4^2}{2\times 9.8}$$

得
$$u_4=9.9(\text{m/s})$$

$$Q=\frac{\pi}{4}d^2 u_4=\frac{3.14}{4}\times 0.1^2 \times 9.9=0.078(\text{m}^3/\text{s})$$

由于不计水头损失，所以列表求解各点水头见表 4-1。取 4 点所在水平面为基准面，g 取 10m/s^2。

表 4-1 各点水头计算值

水头	1点	2点	3点	4点
位置水头 z，m	5	5	7	0
压力水头 $p/(\rho g)$，m	0	−5	−7	0
流速水头 $u^2/(2g)$，m	0	5	5	5
总水头 e，m	5	5	5	5

4-2 如图 4-2 所示，一个倒置的 U 形测压管，上部为相对密度 0.8 的油，用来测定水管中点的速度。若读数 $\Delta h=0.2\text{m}$，求管中流速 u 是多少？

解：列 1、2 两点的伯努利方程，以水管轴线为基准线。

$$0+\frac{p_1}{\rho_w g}+\frac{u^2}{2g}=0+\frac{p_2}{\rho_w g}+0$$

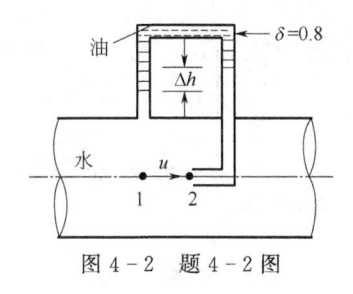

图 4-2 题 4-2 图

设 U 形测压管中油的最低液面到轴线的距离为 x，选取 U 形测压管中油的最高液面为等压面，则

$$p_1 - \rho_w g x - \rho_o g \Delta h = p_2 - \rho_w g (x + \Delta h)$$
$$p_2 - p_1 = (\rho_w - \rho_o) g \Delta h$$

则 $$u = \sqrt{2 \frac{p_2 - p_1}{\rho_w}} = \sqrt{2 \frac{(\rho_w - \rho_o) g \Delta h}{\rho_w}} = \sqrt{2 \times 0.2 \times 9.8 \times 0.2} = 0.885 (\text{m/s})$$

4-3 图 4-3 所示为一文丘里管和压力计，试推导体积流量和压力计读数之间的关系式。当 $z_1 = z_2$，$\rho = 1000 \text{kg/m}^3$，$\rho_汞 = 13.6 \times 10^3 \text{kg/m}^3$，$d_1 = 500 \text{mm}$，$d_2 = 50 \text{mm}$，$H = 0.4 \text{m}$，流量系数 $\alpha = 0.9$ 时，流量 Q 是多少？

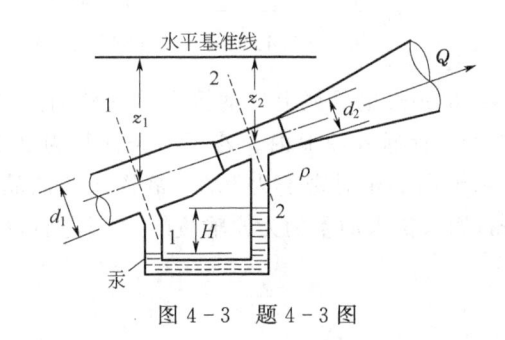

图 4-3 题 4-3 图

解：列 1—1 断面、2—2 断面的伯努利方程，以过 1—1 断面中心点的水平线为基准线。

$$0 + \frac{p_1}{\rho g} + \frac{v_1^2}{2g} = z_1 - z_2 + \frac{p_2}{\rho g} + \frac{v_2^2}{2g}$$

设过 1—1 断面中心点的水平线到压力计中水银的最高液面的距离为 x。选取压力计中水银的最低液面为等压面，则

$$p_1 + \rho g (x + H) = p_2 + \rho g (z_1 - z_2 + x) + \rho_H g H$$

$$\frac{p_1 - p_2}{\rho g} = z_1 - z_2 + \frac{(\rho_H - \rho)}{\rho} \times H = z_1 - z_2 + 12.6 \times 0.4$$

又由 $v_1 = \dfrac{Q}{\dfrac{\pi d_1^2}{4}} = \dfrac{4Q}{3.14 \times 0.5^2}$，$v_2 = \dfrac{Q}{\dfrac{\pi d_2^2}{4}} = \dfrac{4Q}{3.14 \times 0.05^2}$，代入伯努利方程，得

$$Q = 0.02 (\text{m}^3/\text{s})$$
$$Q_{实际} = Q \alpha = 0.02 \times 0.9 = 0.018 (\text{m}^3/\text{s})$$

4-4 如图 4-4 所示的管路阀门关闭时，压力表读数为 49.8kPa，阀门打开后，读数降为 9.8kPa。设从管路进口至装表处的水头损失为流速水头的 2 倍，求管路中的平均流速。

图 4-4 题 4-4 图

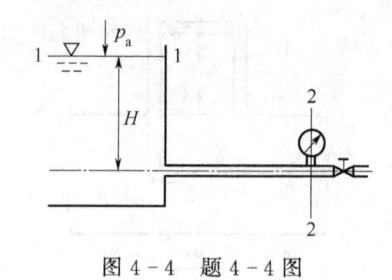

解:当管路阀门关闭时,由压力表读数可确定管路轴线到自由液面的高度 H

$$H=\frac{p}{\rho g}=\frac{49.8\times 10^3}{1\times 10^3\times 9.8}=5.082(\text{m})$$

当管路打开时,列 1—1 断面和 2—2 断面的伯努利方程,则

$$H+0+0=0+\frac{p_2}{\rho g}+\frac{v_2^2}{2g}+2\frac{v_2^2}{2g}$$

简化得

$$3\frac{v_2^2}{2g}=H-\frac{p_2}{\rho g}=5.082-1=4.082(\text{m})$$

得

$$v_2=\sqrt{\frac{2}{3}\times 9.8\times 4.082}=5.164(\text{m/s})$$

4-5 为了在直径 $D=160\text{mm}$ 的管线上自动掺入另一种油品,安装了如图 4-5 所示装置:自锥管喉道处引出一个小支管通入油池内。若压力表读数为 $2.3\times 10^5\text{Pa}$,喉道直径 $d=40\text{mm}$,T 管流量 $Q=30\text{L/s}$,油品的相对密度为 0.9。欲掺入的油品的相对密度为 0.8,油池油面距喉道高度 $H=1.5\text{m}$,如果掺入油量约为原输量的 10% 左右,B 管水头损失设为 0.5m,试求 B 管管径。

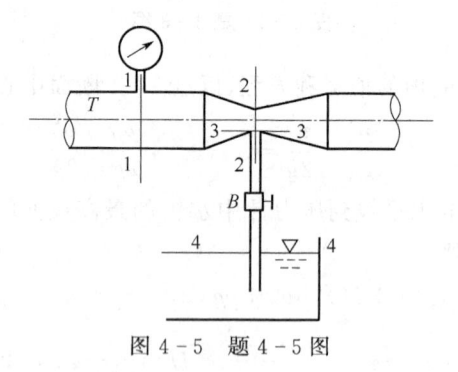

图 4-5 题 4-5 图

解:列 1—1 断面和 2—2 断面的伯努利方程,则

$$0+\frac{p_1}{\rho_1 g}+\frac{v_1^2}{2g}=0+\frac{p_2}{\rho_1 g}+\frac{v_2^2}{2g}$$

其中

$$v_1=\frac{Q}{\frac{1}{4}\pi D^2}=\frac{4\times 0.03}{3.14\times 0.16^2}=1.493(\text{m/s})$$

$$v_2 = \frac{Q}{\frac{1}{4}\pi d^2} = \frac{4 \times 0.03}{3.14 \times 0.04^2} = 23.885 \text{(m/s)}$$

得 $p_2 = p_1 + \frac{v_1^2 - v_2^2}{2}\rho_1 = 2.3 \times 10^5 + \frac{1.493^2 - 23.885^2}{2} \times 900 = -25719 \text{(Pa)}$

列 4—4 自由液面和 3—3 断面的伯努利方程,以 4—4 自由液面为基准面,则

$$0 + 0 + 0 = H + \frac{p_3}{\rho_2 g} + \frac{v_3^2}{2g} + h_{w_{4-3}}$$

其中 $p_3 = p_2$

$$v_3 = \frac{0.1Q}{\frac{1}{4}\pi d_B^2} = \frac{4 \times 0.1 \times 0.03}{3.14 \times d_B^2} = \frac{0.0038}{d_B^2}$$

则

$$v_3^2 = \left(\frac{0.0038}{d_B^2}\right)^2 = -2g\left(H + \frac{p_3}{\rho_2 g} + h_{w_{4-3}}\right)$$

$$= -19.6\left(1.5 + \frac{-25718.9}{800 \times 9.8} + 0.5\right)$$

解得

$$d_B = 0.028 \text{m}$$

4-6 一变直径的管段 AB 如图 4-6 所示,直径 $d_A = 0.2\text{m}, d_B = 0.4\text{m}$,高差 $\Delta h = 1.0\text{m}$,用压力表测得 $p_A = 70\text{kPa}, p_B = 40\text{kPa}$,用流量计测得流量 $Q = 0.2\text{m}^3/\text{s}$。试判断水在管段中流动的方向。

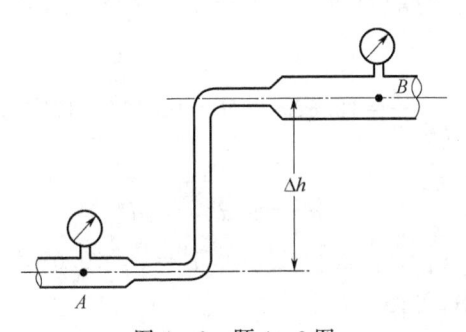

图 4-6 题 4-6 图

解:列 A 点和 B 点所在断面的伯努利方程

$$0 + \frac{p_A}{\rho g} + \frac{v_A^2}{2g} = \Delta h + \frac{p_B}{\rho g} + \frac{v_B^2}{2g} + h_{w_{A-B}}$$

其中

$$v_A = \frac{Q}{\frac{1}{4}\pi d_A^2} = \frac{4 \times 0.2}{3.14 \times 0.2^2} = 6.37 \text{(m/s)}$$

$$v_B = \frac{Q}{\frac{1}{4}\pi d_B^2} = \frac{4 \times 0.2}{3.14 \times 0.4^2} = 1.59 \text{(m/s)}$$

则
$$h_{w_{A-B}} = \frac{p_A - p_B}{\rho g} + \frac{v_A^2 - v_B^2}{2g} - \Delta h$$
$$= \frac{70 \times 10^3 - 40 \times 10^3}{1000 \times 9.8} + \frac{6.37^2 - 1.59^2}{2 \times 9.8} - 1$$
$$= 4(\text{m}) > 0$$

故流动方向为 A→B。

4-7 泄水管路如图 4-7 所示,已知直径 $d_1 = 125\text{mm}, d_2 = 100\text{mm}, d_3 = 75\text{mm}$,水银压差计的读数 $\Delta h = 175\text{mm}$,不计阻力,求流量和压力表读数。

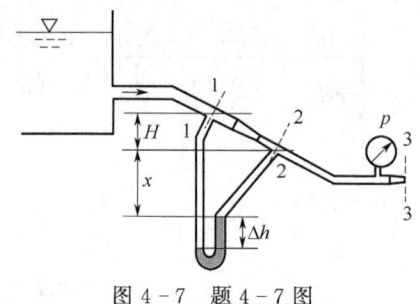

图 4-7 题 4-7 图

解:设 2—2 断面中心点到压力计中水银最高液面的距离为 x,列 1—1 断面、2—2 断面的伯努利方程,以过 2—2 断面中心点的水平面为基准面,则

$$H + \frac{p_1}{\rho g} + \frac{v_1^2}{2g} = 0 + \frac{p_2}{\rho g} + \frac{v_2^2}{2g}$$

选取压力计中水银最低液面为等压面,则

$$p_1 + \rho g(H + x + \Delta h) = p_2 + \rho g x + \rho_H g \Delta h$$

得

$$\frac{p_1 - p_2}{\rho g} = 12.6\Delta h - H = 12.6 \times 0.175 - H$$

又由连续性方程可知

$$v_1 d_1^2 = v_2 d_2^2 = v_3 d_3^2$$
$$v_1 \times 0.125^2 = v_2 \times 0.1^2 = v_3 \times 0.075^2$$

将上两式代入伯努利方程中,可得

$$v_2 = 8.556\text{m/s}, v_3 = 15.211\text{m/s}, Q = 0.067\text{m}^3/\text{s}$$

列压力表所在断面和出口断面的伯努利方程

$$0 + \frac{p_M}{\rho g} + \frac{v_2^2}{2g} = 0 + 0 + \frac{v_3^2}{2g}$$

可得压力表度数 $p_M = \rho \frac{v_3^2 - v_2^2}{2} = 1000 \times \frac{15.211^2 - 8.556^2}{2} = 79.085(\text{kPa})$

4-8 如图 4-8 所示,敞开水池中的水沿变截面管路排出的质量流量 $Q_m = 14\text{kg/s}$,若 $d_1 = 100\text{mm}, d_2 = 75\text{mm}, d_3 = 50\text{mm}$,不计损失,求所需的水头 H,以及第二段管段中央 M 点的压力,并绘制测压管水头线。

解:列 1—1 断面和 3—3 断面的伯努利方程,则

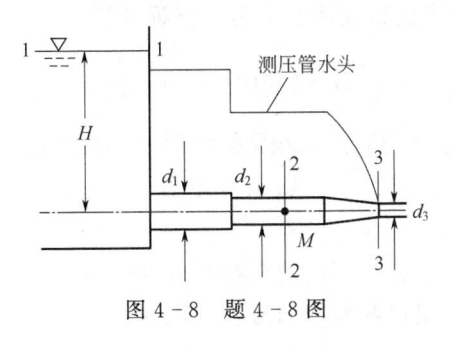

图 4-8 题 4-8 图

$$H+0+0=0+0+\frac{v_3^2}{2g}$$

其中

$$v_2=\frac{Q_m}{\rho\frac{1}{4}\pi d_2^2}=\frac{4\times14}{1000\times3.14\times0.075^2}=3.171(\text{m/s})$$

$$v_3=\frac{Q_m}{\rho\frac{1}{4}\pi d_3^2}=\frac{4\times14}{1000\times3.14\times0.05^2}=7.134(\text{m/s})$$

得

$$H=\frac{v_3^2}{2g}=\frac{7.134^2}{2\times9.8}=2.6(\text{m})$$

列 M 点所在 2—2 断面和 3—3 断面的伯努利方程，则

$$p_2=\frac{v_3^2-v_2^2}{2}\rho=\frac{7.134^2-3.171^2}{2}\times1000=20.42(\text{kPa})$$

4-9 由断面为 0.2m^2 和 0.1m^2 的两根管子组成的水平输水管系从水箱流入大气中（图 4-9）：(1)若不计损失，(a)求断面流速 v_1 及 v_2；(b)绘总水头线及测压管水头线；(c)求进口 A 点的压力。(2)计入损失：第一段的水头损失为流速水头的 4 倍，第二段为 3 倍，(a)求断面流速 v_1 及 v_2；(b)绘制总水头线及测压管水头线；(c)根据所绘制水头线求各管段中间点的压力。

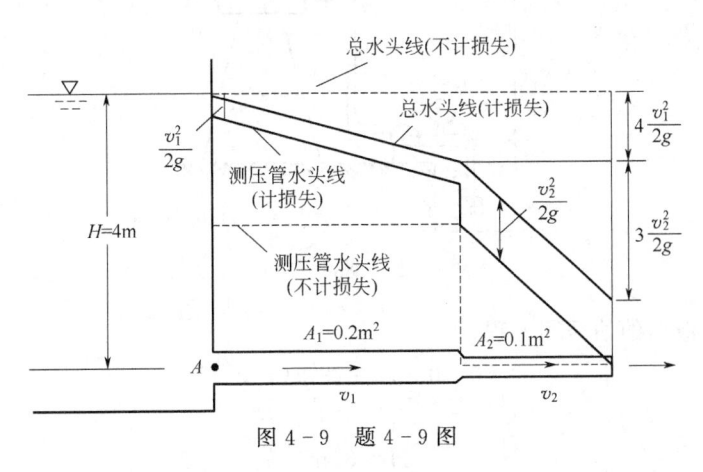

图 4-9 题 4-9 图

解:(1)列自由液面和管子出口断面的伯努利方程,则

$$H+0+0=0+0+\frac{v_2^2}{2g}$$

得

$$v_2=\sqrt{2gH}=\sqrt{2\times9.8\times4}=8.854(\text{m/s})$$

又由

$$A_1v_1=A_2v_2$$

得

$$v_1=4.427(\text{m/s})$$

列 A 点所在断面和管子出口断面的伯努利方程,则

$$0+\frac{p_1}{\rho g}+\frac{v_1^2}{2g}=0+0+\frac{v_2^2}{2g}$$

得

$$p_1=\frac{v_2^2-v_1^2}{2}\rho=\frac{8.854^2-4.427^2}{2}\times1000=29.398(\text{kPa})$$

(2)列自由液面和管子出口断面的伯努利方程,则

$$H=\frac{v_2^2}{2g}+4\frac{v_1^2}{2g}+3\frac{v_2^2}{2g}$$

由

$$A_1v_1=A_2v_2$$

得

$$v_2=3.96\text{m/s}, u_1=1.98\text{m/s}$$

细管段中点的压力为

$$\left(\frac{1}{2}\times3\times\frac{v_2^2}{2}\right)\rho=\frac{3}{2}\times\frac{3.96^2}{2}\times1000=11.76(\text{kPa})$$

粗管段中点的压力为

$$\left(2v_2^2+\frac{v_1^2}{2}\right)\rho=\left(2\times3.96^2+\frac{1.98^2}{2}\right)\times1000=33.32(\text{kPa})$$

4-10 用 73.5×10^3 W 的水泵抽水(图 4-10),泵的效率为 90%,管径为 0.3m,全管路的水头损失为 1m,吸水管水头损失为 0.2m,试求抽水量、管内流速及泵前真空表的读数。

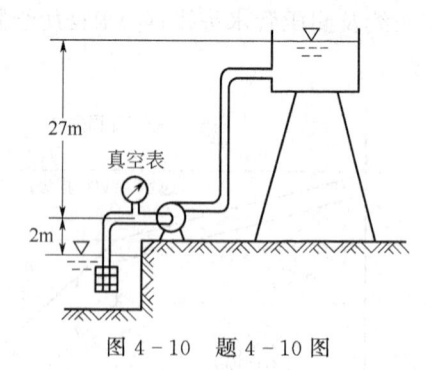

图 4-10 题 4-10 图

解:列两自由液面的伯努利方程,则

$$0+0+0+H=29+0+0+1$$

得

$$H=30\text{m}$$

又由
$$N_\text{泵}=\rho gQH=N_\text{轴}\eta$$
得
$$Q=\frac{N_\text{轴}\eta}{\rho gH}=\frac{73.5\times1000\times0.9}{1000\times9.8\times30}=0.225(\text{m}^3/\text{s})$$
$$v=\frac{4Q}{\pi d^2}=\frac{4\times0.225}{3.14\times0.2^2}=7.166(\text{m/s})$$

列最低自由液面和真空表所在断面的伯努利方程,则
$$0+0+0=2+\frac{p}{\rho g}+\frac{v^2}{2g}+0.2$$
得
$$p=-47.236(\text{kPa})$$

故真空表的读数为 47.236kPa。

4-11 图 4-11 所示一条管路系统,欲维持其出口流速为 20m/s,问水泵的轴功率为多少?设整个管路的水头损失为 2m,泵的效率为 80%。若压水管路的水头损失为 1.7m,则压力表上的读数为多少?

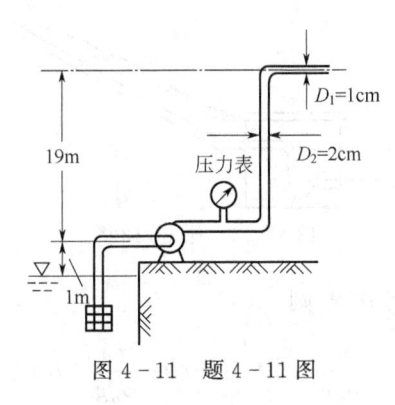

图 4-11 题 4-11 图

解:列自由液面和出口断面的伯努利方程,有
$$0+0+0+H=20+0+\frac{v_1^2}{2g}+2$$
得
$$H=22+\frac{20^2}{2\times9.8}=42.41(\text{m})$$
又由
$$N_\text{轴}=\frac{N_\text{泵}}{\eta}=\frac{\rho gv_1\frac{1}{4}\pi D_1^2 H}{\eta}$$
$$=\frac{9800\times20\times\frac{1}{4}\times3.14\times0.01^2\times42.41}{0.8}$$
$$=0.816(\text{kW})$$

列压力表所在断面和出口断面的伯努利方程,则

$$0 + \frac{p_M}{\rho g} + \frac{v_2^2}{2g} = 19 + 0 + \frac{v_1^2}{2g} + 1.7$$

其中

$$v_2 = \frac{D_1^2}{D_2^2} v_1 = \frac{0.01^2}{0.02^2} \times 20 = 5 (\text{m/s})$$

得

$$p_M = \left(20.7 + \frac{v_1^2 - v_2^2}{2g}\right)\rho g = \left(20.7 + \frac{20^2 - 5^2}{2 \times 9.8}\right) \times 9800 = 390.36 (\text{kPa})$$

4-12 图 4-12 所示离心泵以 $20 \text{m}^3/\text{h}$ 的流量将相对密度为 0.8 的油品从地下罐送到山上洞库油罐。地下油罐油面压力为 $2 \times 10^4 \text{Pa}$，洞库油罐油面压力为 $3 \times 10^4 \text{Pa}$。设泵的效率为 0.8，电动机效率为 0.9，两罐液面的高差为 40m，全管路水头损失设为 5m。求泵及电动机的额定功率（即输入功率）。

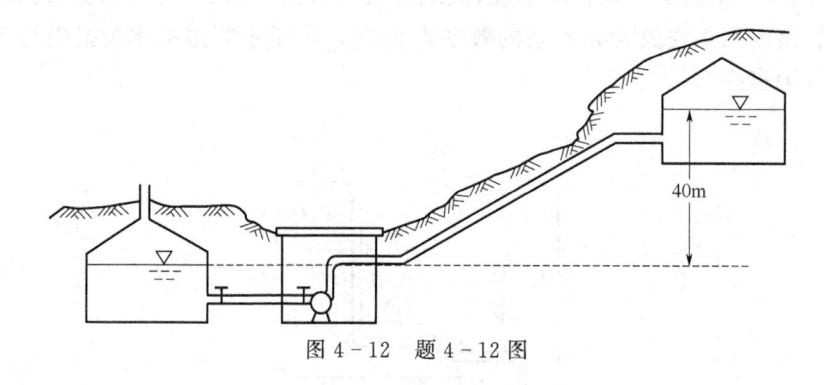

图 4-12 题 4-12 图

解：列两油罐液面的伯努利方程，则

$$0 + \frac{p_1}{\rho_o g} + 0 + H = 40 + \frac{p_2}{\rho_o g} + 0 + 5$$

得

$$H = 45 + \frac{p_2 - p_1}{\rho_o g} = 45 + \frac{3 \times 10^4 - 2 \times 10^4}{0.8 \times 1000 \times 9.8} = 46.28 (\text{m})$$

则

$$N_{\text{轴}} = \frac{N_{\text{泵}}}{\eta_{\text{泵}}} = \frac{\rho_o g Q H}{\eta_{\text{泵}}} = \frac{0.8 \times 10^3 \times 9.8 \times 20 \times 46.28}{3600 \times 0.8} = 2.52 (\text{kW})$$

$$N_{\text{电}} = \frac{N_{\text{轴}}}{\eta_{\text{电}}} = \frac{2.52}{0.9} = 2.8 (\text{kW})$$

4-13 如图 4-13 所示，输油管线上水平 90°转变处，设固定支座。所输油品 $\rho_o = 0.8$，管径 $d = 300 \text{mm}$，通过流量 $Q = 100 \text{L/s}$，断面 1—1 处压力为 $2.23 \times 10^5 \text{Pa}$。断面 2—2 处压力为 $2.11 \times 10^5 \text{Pa}$。求固定支座受压力的大小和方向。

解：选取 1—1 断面和 2—2 断面及管壁围成的空间为控制体，建立如图所示坐标系，设弯管处管壁对流体的力为 R。列 x 方向动量方程

$$P_1 - R_x = 0 - \rho_o Q v$$

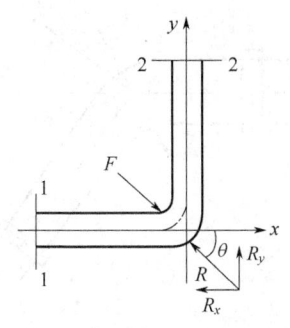

图 4-13 题 4-13 图

其中
$$P_1 = p_1 \times \frac{1}{4}\pi d^2 = 2.23 \times 10^5 \times \frac{1}{4} \times 3.14 \times 0.3^2 = 15.75(\text{kN})$$

则
$$R_x = P_1 + \rho_o Q v$$
$$= 15.75 + 0.8 \times 0.1 \times \frac{0.1}{\frac{1}{4} \times 3.14 \times 0.3^2}$$
$$= 15.86(\text{kN})$$

列 y 方向动量方程
$$R_y - P_2 = \rho_o Q v$$

其中
$$P_2 = p_2 \times \frac{1}{4}\pi d^2 = 2.11 \times 10^5 \times \frac{1}{4} \times 3.14 \times 0.3^2 = 14.91(\text{kN})$$

则
$$R_y = P_2 + \rho_o Q v$$
$$= 14.91 + 0.8 \times 0.1 \times \frac{0.1}{\frac{1}{4} \times 3.14 \times 0.3^2}$$
$$= 15.02(\text{kN})$$

$$R = \sqrt{R_x^2 + R_y^2} = \sqrt{15.86^2 + 15.02^2} = 21.84(\text{kN})$$

$$\theta = \arctan\frac{R_y}{R_x} = \arctan\frac{15.02}{15.86} = 43°$$

支座受压力 F 的大小为 21.84kN，方向与 R 方向相反。

4-14 如图 4-14 所示，水流经过 60°渐细弯头 AB，已知 A 处管径 $d_A = 0.5$m，B 处管径 $d_B = 0.25$m，通过的流量为 $0.1\text{m}^3/\text{s}$，B 处压力 $p_B = 1.8 \times 10^5$Pa。设弯头在同一水平面上摩擦力不计，求弯管所受推力。

解：选取 A 和 B 断面及管壁围成的空间为控制体，建立如图所示坐标系。列 A 断面和 B 断面的伯努利方程，得（因弯头为水平放置，即 $z_1 = z_2 = 0$）

$$p_A = p_B + \frac{v_B^2 - v_A^2}{2}\rho = 1.8 \times 10^5 + \frac{2.04^2 - 0.51^2}{2} \times 1000 = 181950.75(\text{Pa})$$

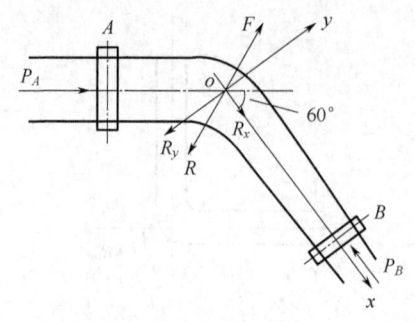

图 4-14　题 4-14 图

其中
$$v_A = \frac{Q}{\frac{1}{4}\pi d_A^2} = \frac{0.1}{\frac{1}{4}\times 3.14\times 0.5^2} = 0.51(\text{m/s})$$

$$v_B = \frac{Q}{\frac{1}{4}\pi d_B^2} = \frac{0.1}{\frac{1}{4}\times 3.14\times 0.25^2} = 2.04(\text{m/s})$$

则
$$P_A = p_A \frac{\pi d_A^2}{4}$$
$$= 181950.75 \times \frac{3.14\times 0.5^2}{4}$$
$$= 35707.8(\text{N})$$

$$P_B = p_B \frac{\pi d_B^2}{4}$$
$$= 1.8\times 10^5 \times \frac{3.14\times 0.25^2}{4}$$
$$= 8831.25(\text{N})$$

列 x 方向动量方程
$$R_x + P_A\cos60° - P_B = \rho Q v_B - \rho Q v_A \cos60°$$
$$R_x = P_B + \rho Q v_B - \rho Q v_A \cos60° - P_A\cos60°$$
$$= 8831.25 + 1000\times 0.1\times 2.04 - 1000\times 0.1\times 0.51\times \cos60° - 35707.8\times \cos60°$$
$$= -8844.15(\text{N})$$

可知，与设的方向相反。

列 y 方向动量方程
$$P_A\sin60° - R_y = 0 - \rho Q v_A \sin60°$$
$$R_y = \rho Q v_A \sin60° + P_A\sin60°$$
$$= 1000\times 0.1\times 0.51\times \sin60° + 35707.8\times \sin60°$$
$$= 30968.03(\text{N})$$

则
$$F = -R = -\sqrt{8844.15^2 + 30968.03^2} = -32206.2(\text{N})$$

4-15　设 4-15 图所示的消防员用的消火唧筒的水头损失为 1m，消火唧筒出口直径 $d=$

1cm，入口直径 $D=5$cm。从消火唧筒射出的流速 $v=20$m/s。求消防队员握住消火唧筒所需要的力？

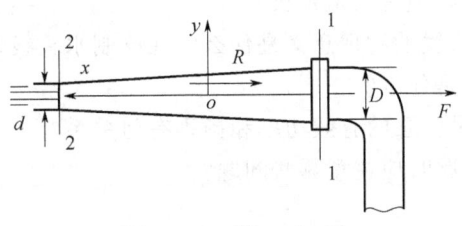

图 4—15　题 4—15 图

解：选取消火唧筒的出口断面和入口断面与管壁围成的空间为控制体，建立如图所示坐标系。

列 1—1 断面和 2—2 断面的伯努利方程

$$\frac{p_1}{\rho g}+\frac{v_1^2}{2g}=\frac{v_2^2}{2g}+1$$

其中

$$v_1=v_2\frac{d^2}{D^2}=20\times\frac{0.01^2}{0.05^2}=0.8(\text{m/s})$$

得

$$p_1=\frac{v_2^2-v_1^2}{2}\rho+\rho g=\frac{20^2-0.8^2}{2}\times1000+9800=209.48\times10^3(\text{Pa})$$

$$P_1=p_1\frac{1}{4}\pi D^2=209.48\times10^3\times\frac{1}{4}\times3.14\times0.05^2=411.1(\text{N})$$

列 x 方向的动量方程

$$P_1-R=\rho Qv_2-\rho Qv_1$$

得

$$\begin{aligned}R&=P_1-\rho Q(v_2-v_1)\\&=411.1-1000\times0.8\times\frac{1}{4}\times3.14\times0.05^2\times(20-0.8)\\&=381(\text{N})\end{aligned}$$

三、思考题与计算题

(一)思考题

1. 欧拉运动微分方程的适用条件、物理意义是什么？欧拉运动微分方程式与欧拉平衡方程式关系如何？
2. 理想流体伯努利方程的适用条件、物理意义及式中各项的意义是什么？
3. 何谓缓变流、急变流？
4. 何谓动能修正系数？不同情况如何取值？
5. 实际流体的伯努利方程与理想流体伯努利方程式的适用条件有何区别？

6. 应用实际流体总流伯努利方程应注意哪些问题？

7. 常用的节流式流量计有哪些，其理论依据是什么？

8. 什么是水力坡降，其物理意义是什么？

9. 何谓水头线？各水头线的物理意义是什么？在绘制水头线时应注意哪些问题？

10. 测速管的基本原理是什么？

11. 何谓泵的扬程、排量？泵的有效功率和扬程有何关系？

12. 在应用动量方程解题时应注意哪些问题？

(二)计算题

1. 有一喷水装置如图 4-16 所示。已知 $h_1=0.3\text{m}, h_2=1.0\text{m}, h_3=2.5\text{m}$，求喷水出口流速，及水流喷射高度 h（不计水头损失）。

（参考答案：$v_{出}=6.57\text{m/s}, h=2.20\text{m}$）

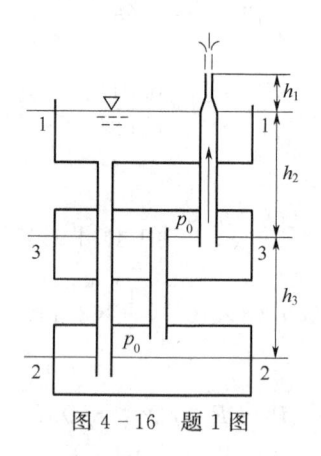

图 4-16 题 1 图

2. U 形水银压差计连接于直角弯管，如图 4-17 所示。已知 $d_1=300\text{mm}, d_2=100\text{mm}$。当管中流量 $Q=100\text{L/s}$ 时，试问压差计读数 Δh 等于多少？（不计水头损失）

（参考答案：$\Delta h=649\text{mm}$）

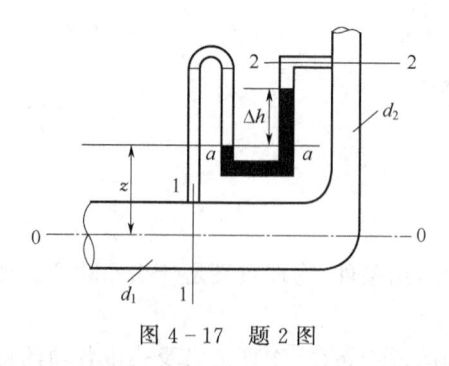

图 4-17 题 2 图

3. 水流经喷嘴流入大气，已知管道直径 $d_1=150\text{mm}$，喷嘴直径 $d_2=75\text{mm}$ 和水银差压计读数 $\Delta h=760\text{mm}$，如图 4-18 所示。求通过喷嘴的流量。

（参考答案：$Q=0.242\text{m}^3/\text{s}$）

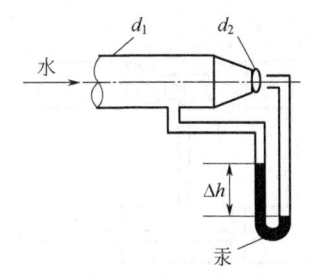

图 4-18 题 3 图

4. 水流经喷嘴流入大气,已知管道直径为 150mm,喷嘴出口直径为 75mm,U 形管水银压差计的读数 $\Delta h=1.27\mathrm{m}$,如图 4-19 所示。试求在管道上压力表的读数。

(参考答案:$p=131.12\mathrm{kPa}$)

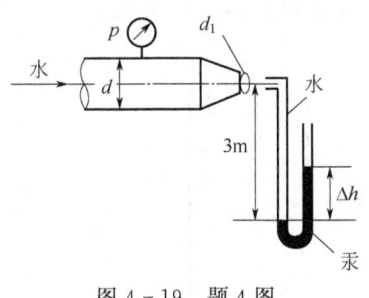

图 4-19 题 4 图

5. 图 4-20 所示为一抽水装置,利用喷射水流在喉道断面上造成的负压,可将 M 容器中的积水抽出。已知 H,b,h,不计损失,喉道断面面积 A_1 与喷嘴出口断面面积 A_2 之间应满足什么样的条件才能使抽水装置开始工作?

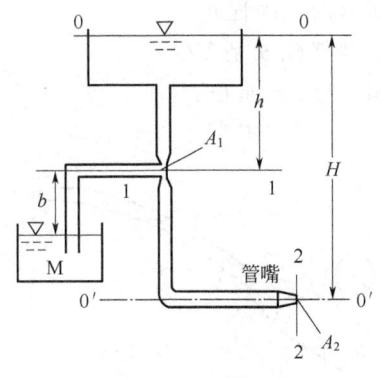

$\left(\text{参考答案}:\dfrac{A_1}{A_2}=\sqrt{\dfrac{H}{h+b}}\right)$

图 4-20 题 5 图

6. 输油管道中安装一个收缩段以便测量流量 Q,管道直径从 $d_1=260\mathrm{mm}$ 收缩到 $d_2=180\mathrm{mm}$。如图 4-21 所示,活塞直径 $D=300\mathrm{mm}$,油的密度 $\rho=850\mathrm{kg/m^3}$,如果固定活塞所要施加的力为 $F=75\mathrm{N}$,求管中油的体积流量 Q。

(参考答案:$Q=0.0458\mathrm{m^3/s}$)

图 4-21 题 6 图

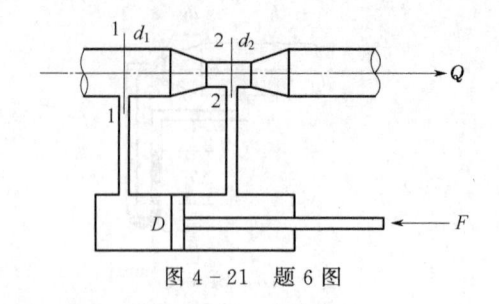

7. 如图 4-22 所示,水池的水位高 $h=4$m,池壁开有一小孔,孔口到水面高差为 y,如果从孔口射出的水流到达地面的水平距离 $x=2$m,(1)求 y 的值。(2)如果要使水柱射出的水平距离最远,则 x 和 y 应为多少?

[参考答案:(1)$y=(2\pm\sqrt{3})$m;(2)$x=h,y=h/2$]

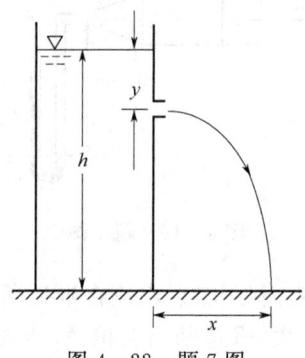

图 4-22 题 7 图

8. 消防喷枪如图 4-23 所示。已知管道直径 $d_1=150$mm,喷嘴出口直径 $d_2=50$mm,测得水管的相对压强为 10^5Pa。

(1)如果射流倾角 $\theta=30°$,试求射流高程 h;

(2)欲使射流高程达 $h=6$m,则倾角 θ 是多少?

[参考答案:(1)$h=2.5813$m,(2)$\theta=49.667°$]

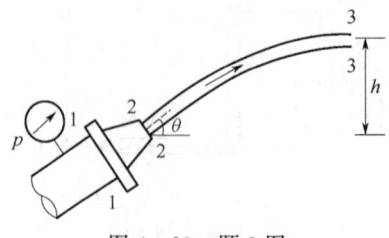

图 4-23 题 8 图

9. 水流经过直径 $D=100$mm 的管路,端部接一个喷嘴,其直径为 $d=25$mm。管路测速管及水银压差计如图 4-24 所示。若压差计的读数为 $\Delta h=25$mm,管内平均流速 $v=0.8u_{max}$,不计喷嘴及管路的水头损失,求作用在螺栓上的拉力为多少。

(参考答案:3.46kN)

— 60 —

图 4-24 题 9 图

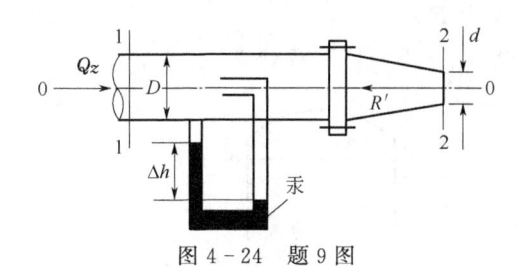

10. 将一平板放在自由射流之水中,并垂直于射流的轴线,该平板截去射流流量的一部分 Q_1,并引起射流的剩余部分偏转角 θ,如图 4-25 所示。已知 v 为 30m/s,Q 为 36L/s,Q_1 为 12L/s,试求射流对平板的作用力 F 以及射流偏转角 θ,不计摩擦力与液体重量的影响。

(参考答案:$\theta = 30°$,$F = 456.5\text{N}$)

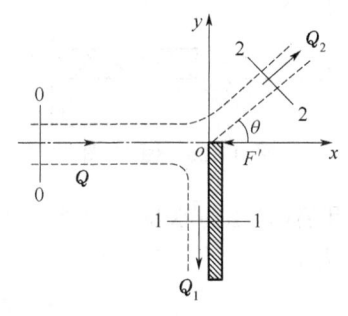

图 4-25 题 10 图

11. 水侧壁开有一流线型喷嘴,如图 4-26 所示。直径为 20mm,已知 $h_1 = 1\text{m}$,$h_2 = 2\text{m}$,射流恰好平顺地沿小坎转向水平方向离开小车,求射流对小车的水平推力。

(参考答案:10.67N)

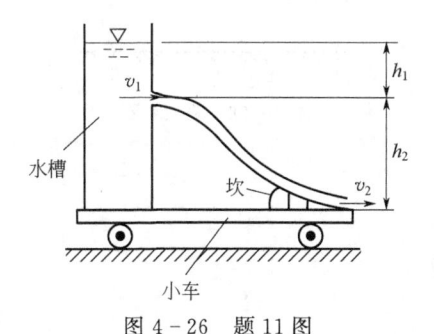

图 4-26 题 11 图

12. 如图 4-27 所示,油从高压油罐经一喷嘴流出,喷嘴用法兰盘与管路连接,并用螺栓固定。已知 $p_0 = 2 \times 10^5 \text{Pa}$,$h = 3\text{m}$,$d_1 = 0.05\text{m}$,$d_2 = 0.02\text{m}$,油的密度 $\rho = 850\text{kg/m}^3$,求螺栓所受拉力 F。

(参考答案:$F = 311.73\text{N}$)

13. 矩形断面的平底渠道,如图 4-28 所示。其宽度 B 为 2.7m,渠底在某断面处抬高 0.5m,抬高前的水深为 2m,抬高后水面降低 0.15m,如忽略边壁和底部阻力,试求:(1)渠道的

— 61 —

流量 Q；(2)水流对底坎的推力 F。

(参考答案：$Q=101.68\text{m}^3/\text{s}$；$F=155.57\text{kN}$)

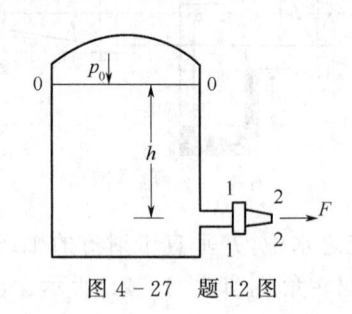

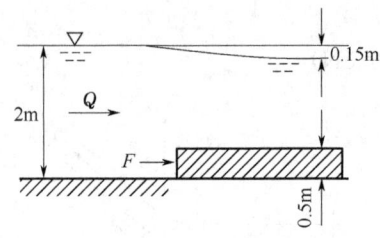

图 4-27 题 12 图

图 4-28 题 13 图

14. 宽度 $B=1$ 的坪坝闸门开启时，上游水位 $h_1=2\text{m}$，下游水位 $h_2=0.8\text{m}$，如图 4-29 所示。试求固定闸门所需的水平力 F。

(参考答案：$F=3025.8\text{N}$)

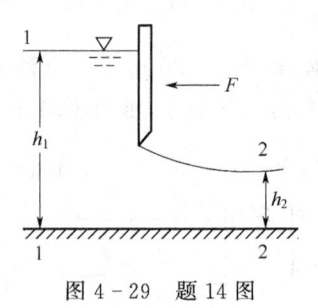

图 4-29 题 14 图

第五章　量纲分析与相似原理

一、学习引导

(一)基本理论

1. 量纲

量纲是指物理量的性质和种类。即可依据物理量的量纲判断该物理量属于哪一类物理量,也可根据物理量的量纲确定物理量的单位以及判断所推导的公式正确与否。

2. 基本量纲和导出量纲

量纲是相互独立的,不能由其他量纲导出的量纲称为基本量纲。如:长度、时间和质量的量纲,依次可表示为[L]、[T]、[M]。其他物理量的量纲可由这些基本量纲按照其定义或者物理定律推导出来,称为导出量纲。

3. 量纲公式

流体力学中的物理量的量纲都可用以上这三个基本量纲的指数函数的乘积表示出来,比如某一物理量 x 的量纲可表示为

$$[x]=[L^\alpha T^\beta M^\gamma]$$

其中:
(1)如果 $\alpha=\beta=\gamma=0$,则 $[x]=[1]$,为无量纲量;
(2)如果 $\alpha\neq 0$,$\beta=\gamma=0$,则 $[x]=[L^\alpha]$,为几何学量;
(3)如果 $\alpha\neq 0$(或 $\alpha=0$),$\beta\neq 0$,$\gamma=0$,则 $[x]=[L^\alpha T^\beta]$,为运动学量;
(4)如果 $\alpha\neq 0$(或 $\alpha=0$),$\beta\neq 0$(或 $\beta=0$),$\gamma\neq 0$,则 $[x]=[L^\alpha T^\beta M^\gamma]$,为动力学量。

4. 无量纲量

若某物理量的量纲表示为 $[x]=[L^0 T^0 M^0]=[1]$,则称 x 为无量纲量或量纲一的量,也称纯数。

5. 量纲和谐原理

一个正确、完整地反映客观规律的物理方程中,各项的量纲是一致的,这就是量纲和谐原理,或称量纲一致性原理。用于判断一个方程正确与否。

6. 量纲分析方法

1)瑞利法
就是利用量纲和谐原理建立物理方程的一种量纲分析方法;

2) π 定理

如果一个物理现象包含 n 个物理量，m 个基本量，则这个物理现象可由这 n 个物理量组成的 $(n-m)$ 个无量纲量所表达的关系式来描述。因为这些无量纲量用 π 来表示，就把这个定理称为 π 定理。

π 定理的实质就是，将已有量纲的物理量表示的物理方程化为以无量纲量表述的关系式，使其不受单位制选择的影响。量纲分析可以帮助我们寻求各物理量之间的关系，建立关系式的结构。

7. 相似原理

1) 几何相似

几何相似是指两个流动对应的线段成比例，对应角度相等，对应的边界性质（指固体边界的粗糙度或者自由液面）相同。

2) 运动相似

运动相似是指两个流动对应点处的同名运动学量成比例。这里主要是指速度矢量 v 和加速度矢量 a 相似。

3) 动力相似

动力相似是指两个流动对应点上的同名动力学量成比例。主要是指作用在流体上的力，包括重力 G、黏性力 T、压力 P、弹性力 E 等相似。

相似原理是用来指导模型设计和实验方案的制定，实现模型流动与实际流动之间的相似，进而找出相关规律。

8. 牛顿数

作用在流体上的合外力与惯性力之比，称为牛顿数，以 Ne 表示，即

$$Ne = \frac{F}{\rho l^2 v^2}$$

9. 相似准数与相似准则

动力相似的判据为牛顿数相等，即 $Ne_p = Ne_m$，这就是牛顿一般相似原理。在两个动力相似的流动中的无量纲数（牛顿数）称为相似准数，例如雷诺数、欧拉数和弗劳德数等。作为判断流动是否动力相似的条件称为相似准则，如牛顿数相等这一条件。因此，相似准则也称为牛顿相似准则。

(二) 重点与难点分析

1. 无量纲量的特点

(1) 无量纲量的单位为 1，它的数值与所选用的单位无关。

(2) 在两个相似的流动之间，同名的无量纲量相等。如雷诺数 Re，常用此无量纲量作为判断两个黏性流动是否相似的判据。

(3) 在对数、指数、三角函数等超越函数运算中，都必须是对无量纲量来说的，而对有量纲

的某物理量取对数是无意义的。

2. 应用瑞利法应注意事项

(1)瑞利法只不过是一种量纲分析方法,所推得的物理方程是否正确关键在于对物理现象所涉及的物理量考虑的是否全面。即使考虑了多余的物理量也不会对推导结果产生任何的影响。

(2)瑞利法对涉及物理量的个数少于5个的物理现象是非常方便的,对于涉及5个以上(含5个)变量的物理现象虽然也是适用的,但不如 π 定理方便。

3. 应用 π 定理作量纲分析的步骤

(1)根据对研究对象的认识,确定影响这一物理现象的所有物理量,写成函数的形式。这里所说的有影响的物理量,是指对研究对象起作用的所有的物理量,包括流体的物性参数,流场的几何参数,流场的运动参数和动力学参数等,既包括变量也包括常量。这些物理量列举的是否全面,将直接影响分析结果。

(2)从所有的 n 个物理量中选取 m(流体力学中一般取 $m=3$)个基本物理量,作为 m 个基本量纲的代表。通常取比较具有代表性的几何特征量、流体物性参量和运动参量各一个,例如研究黏性流体管流时,取流体的密度 ρ、管道直径 d 和平均流速 v 作为基本量。假定选择 x_1、x_2、x_3 作为基本量,基本量的量纲公式为

$$[x_1]=[L^{\alpha_1} T^{\beta_1} M^{\gamma_1}],[x_2]=[L^{\alpha_2} T^{\beta_2} M^{\gamma_2}],[x_3]=[L^{\alpha_3} T^{\beta_3} M^{\gamma_3}]$$

这三个基本物理量在量纲上必须是独立的,它们不能组成一个无量纲。它们的量纲相互独立时必须满足的条件是:由这三个量的量纲指数组成的行列式不为0,即

$$\begin{vmatrix} \alpha_1 & \beta_1 & \gamma_1 \\ \alpha_2 & \beta_2 & \gamma_2 \\ \alpha_3 & \beta_3 & \gamma_3 \end{vmatrix} \neq 0$$

(3)从三个基本物理量以外的物理量中,每次轮取一个,连同三个基本物理量组合成一个无量纲 π 项,即如下的 $(n-3)$ 个 π 项,

$$\pi_1=\frac{x_4}{x_1^{a_1} x_2^{b_1} x_3^{c_1}}, \pi_2=\frac{x_5}{x_1^{a_2} x_2^{b_2} x_3^{c_2}}, \cdots, \pi_{n-3}=\frac{x_n}{x_1^{a_{n-3}} x_2^{b_{n-3}} x_3^{c_{n-3}}}$$

式中,a_i、b_i、c_i 为各 π 项的待定系数。

(4)根据量纲和谐原理求各 π 项的指数 a_i、b_i、c_i。

(5)写出描述物理现象的关系式,即

$$F(\pi_1, \pi_2, \cdots, \pi_{n-m})=0$$

4. 相似准则

1)重力相似准则

作用在流体上的合外力中重力起主导作用,此时牛顿数

$$Ne=\frac{G}{\rho l^2 v^2}=\frac{\rho g V}{\rho l^2 v^2}=\frac{\rho g l^3}{\rho l^2 v^2}=\frac{g l}{v^2}$$

引入 $Fr=v/\sqrt{gl}$,称为弗劳德数,其物理意义是惯性力和重力的比值。此时相似准则可

表示为
$$Fr_p = Fr_m$$

2) 黏性力相似准则

作用在流体上的合外力中黏性力起主导作用,此时有
$$Re_p = Re_m$$

其中,$Re = \dfrac{\rho v d}{\mu} = \dfrac{v d}{\nu}$ 称为雷诺数,其物理意义是惯性力与黏性力的比值。

3) 压力相似准则

作用在流体上的合外力中压力起主导作用,此时有
$$Eu_p = Eu_m$$

其中,$Eu = p/\rho v^2$ 称为欧拉数,其物理意义是压力与惯性力的比值。

5. 雷诺模型

当黏性力为主时,则选用雷诺准则设计模型,称为雷诺模型。要求原型和模型的雷诺数相等,即 $Re_p = Re_m$。一般来讲,设计完全封闭的流场内的流动(如管道、流量计、泵内的流动等)或物体绕流(潜水艇、飞机和建筑物的绕流等)的实验方案设计,应采用雷诺模型。

6. 弗劳德模型

当重力为主时,则选用弗劳德准则设计模型,称为弗劳德模型。要求原型和模型的弗劳德数相等,即 $Fr_p = Fr_m$。一般来讲,设计与重力波有关(如波浪理论、水面船舶兴波阻力理论、气液两相流体力学等)的实验方案,应采用弗劳德模型。

二、习题详解

5-1 检查以下各物理量是否为无量纲量:

(1) $\dfrac{Q}{L^2}\sqrt{\dfrac{\Delta p}{\rho}}$;(2) $\dfrac{\rho Q}{\Delta p L^2}$;(3) $\dfrac{\rho L}{\Delta p Q^2}$;(4) $\dfrac{\Delta p L Q}{\rho}$;(5) $\dfrac{Q}{L^2}\sqrt{\dfrac{\rho}{\Delta p}}$

解:(1) 展开量纲公式

$$\left[\sqrt{\dfrac{\Delta p}{\rho}}\dfrac{Q}{L^2}\right] = \left[\dfrac{L^{-1}T^{-2}M}{L^{-3}M}\right]^{\frac{1}{2}}\left[\dfrac{L^3T^{-1}}{L^2}\right] = [L^2T^{-2}] \quad \text{为有量纲量;}$$

(2) 展开量纲公式

$$\left[\dfrac{\rho Q}{\Delta p L^2}\right] = \dfrac{[L^{-3}M][L^3T^{-1}]}{[L^{-1}T^{-2}M][L^2]} = [L^{-1}T] \quad \text{为有量纲量;}$$

(3) 展开量纲公式

$$\left[\dfrac{\rho L}{\Delta p \cdot Q^2}\right] = \dfrac{[L^{-3}M][L]}{[L^{-1}T^{-2}M][L^6T^{-2}]} = [L^{-7}T^4] \quad \text{为有量纲量;}$$

(4) 展开量纲公式

$$\left[\dfrac{\Delta p L Q}{\rho}\right] = \dfrac{[L^{-1}T^{-2}M][L][L^3T^{-1}]}{[L^{-3}M]} = [L^6T^{-3}] \quad \text{为有量纲量;}$$

(5) 展开量纲公式

$$\left[\sqrt{\frac{\rho}{\Delta p}}\frac{Q}{L^2}\right]=\left[\frac{L^{-3}M}{L^{-1}T^{-2}M}\right]^{\frac{1}{2}}\left[\frac{L^3T^{-1}}{L^2}\right]=[1] \quad 为无量纲量。$$

5-2 假设自由落体下降距离 s 与物体质量 m、重力加速度 g 和时间 t 有关，试用瑞利法建立 $s=kgt^2$ 这一公式。

解：应用瑞利法

(1) 分析物理现象，假定
$$s=km^{x_1}g^{x_2}t^{x_3}$$

(2) 写出量纲方程
$$[s]=k[m^{x_1}][g^{x_2}][t^{x_3}]$$

或
$$[L]=[1][M^{x_1}][L^{x_2}T^{-2x_2}][T^{x_3}]$$

(3) 利用量纲和谐原理确定上式中的指数
$$\begin{cases}1=x_2\\0=-2x_2+x_3\\0=x_1\end{cases}$$

解得
$$\begin{cases}x_1=0\\x_2=1\\x_3=2\end{cases}$$

回代到物理方程中得
$$s=kgt^2$$

5-3 假设泵的输出功率 $N_泵$ 是液体密度 ρ，重力加速度 g，流量 Q 和扬程 H 的函数，试用量纲分析法建立其关系。

解：应用瑞利法

(1) 分析物理现象，假定
$$N_泵=k\rho^a g^b Q^c H^d$$

(2) 写出量纲方程 $\quad [N]=k[\rho^a][g^b][Q^c][H^d]$

即 $\quad [L^2T^{-3}M]=[1][L^{-3a}M^a][L^bT^{-2b}][L^{3c}T^{-c}][L^d]$

(3) 利用量纲和谐原理计算量纲指数得
$$\begin{cases}2=-3a+b+3c+d\\-3=-2b-c\\1=a\end{cases} 即 \begin{cases}a=1\\c=3-2b\\d=5b-4\end{cases}$$

将量纲指数带回到物理方程中得
$$N_泵=k\rho g^b Q^{3-2b}H^{5b-5}$$

可见，存在自由变量，所以将上式变形为
$$N_泵=k\rho g^b Q^{3-2b}H^{5b-5}=k\rho gQH\left(\frac{gH^5}{Q^2}\right)^{b-1}$$

$$\left[\frac{gH^5}{Q^2}\right]=\frac{[L/T^{-2}][L^5]}{[L^6/T^{-2}]}=1 \text{ 是无量纲量，所以 }\left(\frac{gH^5}{Q^2}\right)^{b-1}\text{可以和 }k\text{ 项合并，即}$$

$$N_{\text{泵}} = k\rho g Q H$$

5-4 假设理想液体通过直径 d 的小孔出流的流量 Q 还与液体密度 ρ 以及孔口两侧压差 Δp 有关，试分别用瑞利法和 π 定理建立小孔口流量计算公式。

解：(一)利用瑞利法

(1)分析物理现象，假定
$$Q = k d^{x_1} \rho^{x_2} \Delta p^{x_3}$$

(2)写出量纲方程
$$[Q] = k[d^{x_1}][\rho^{x_2}][\Delta p^{x_3}]$$

或
$$[L^3 T^{-1}] = [1][L^{x_1}][L^{-3x_2} M^{x_2}][L^{-x_3} T^{-2x_3} M^{x_3}]$$

(3)利用量纲和谐原理确定上式中的指数
$$\begin{cases} 3 = x_1 - 3x_2 - x_3 \\ -1 = -2x_3 \\ 0 = x_2 + x_3 \end{cases}$$

解得
$$\begin{cases} x_1 = 2 \\ x_2 = -1/2 \\ x_3 = 1/2 \end{cases}$$

回代到物理方程中得
$$Q = k d^2 \sqrt{\dfrac{\Delta p}{\rho}}$$

(一)应用 π 定理

(1)分析物理现象，将影响物理现象的物理量写成函数的形式
$$f(Q, d, \rho, \Delta p) = 0$$

(2)选取 $d, \rho, \Delta p$ 为基本量，它们的量纲公式为
$$[d] = [L],\ [\rho] = [M/L^3],\ [\Delta p] = [L^{-1} T^{-2} M]$$

其量纲指数的行列式为
$$\begin{vmatrix} 1 & 0 & 0 \\ -3 & 0 & 1 \\ -1 & -2 & 1 \end{vmatrix} = -2 \neq 0$$

所以这三个基本物理量的量纲是独立的，可以作为基本量纲。

(3)构建无量纲量 π 项
$$\pi_1 = \dfrac{Q}{d^a \rho^b \Delta p^c}$$

(4)根据量纲和谐原理求解量纲指数得到
$$\pi_1 = \dfrac{Q}{d^2 \rho^{-\frac{1}{2}} \Delta p^{\frac{1}{2}}} = \dfrac{Q}{d^2 \sqrt{\dfrac{\Delta p}{\rho}}}$$

(5)无量纲关系式写成

$$F\left(\frac{Q}{d^2\sqrt{\frac{\Delta p}{\rho}}}\right)=0$$

可以写作

$$Q=kd^2\sqrt{\frac{\Delta p}{\rho}}$$

5-5 一直径为 D 的圆盘沉没在密度为 ρ 的液池中,圆盘形心处的深度为 H。试分别用瑞利法和 π 定理建立总压力的表达式 $P=\alpha\rho gHD^2$,其中 α 为无量纲量。

解:(一)瑞利法

(1)分析物理现象,假定 $P=\alpha\rho^a g^b H^c D^d$

(2)写出量纲方程 $\quad [P]=\alpha\,[\rho^a]\,[g^b]\,[H^c]\,[D^d]$

或 $\quad [LT^{-2}M]=\alpha\,[M^a L^{-3a}]\,[L^b T^{-2b}]\,[L^c]\,[L^d]$

(3)利用量纲和谐原理确定上式中的指数

$$\begin{cases} 1=-3a+b+c+d \\ -2=-2b \\ 1=a \end{cases}$$

解得

$$\begin{cases} a=1 \\ b=1 \\ d=3-c \end{cases}$$

(4)因为存在自由变量,所以将上式变形为

$$P=\alpha\rho gH^c D^{3-c}=\alpha\rho gHD^2\left(\frac{H}{D}\right)^{c-1}$$

因为 $\left[\dfrac{H}{D}\right]=1$ 属于无量纲量,所以 $\left(\dfrac{H}{D}\right)^{c-1}$ 与 α 合并,即

$$P=\alpha\rho gHD^2$$

(二)利用 π 定理

(1)分析物理现象

$$f(P,\rho,g,H,D)=0$$

(2)选取 H、g、ρ 为基本量,它们的量纲公式为

$$[H]=[L^1 T^0 M^0],\ [g]=[L^1 T^{-2} M^0],\ [\rho]=[L^{-3} T^0 M^1]$$

其量纲指数的行列式为

$$\begin{vmatrix} 1 & 0 & 0 \\ 1 & -2 & 0 \\ -3 & 0 & 1 \end{vmatrix}=-2\neq 0$$

所以这三个基本物理量的量纲是独立的,可以作为基本量纲。

(3)写出 5-3=2 个无量纲 π 项

$$\pi_1=\frac{P}{H^{a_1} g^{b_1} \rho^{c_1}},\ \pi_2=\frac{D}{H^{a_2} g^{b_2} \rho^{c_2}}$$

(4)根据量纲和谐原理,可确定各 π 项的指数,则

$$\pi_1 = \frac{P}{H^3 g\rho}, \pi_2 = \frac{D}{H}$$

(5)无量纲关系式可写为

$$F\left(\frac{P}{H^3 g\rho}, \frac{D}{H}\right) = 0$$

或

$$F\left[\frac{P}{Hg\rho D^2}\left(\frac{D}{H}\right)^2, \frac{D}{H}\right] = 0$$

总压力

$$P = F_1\left(\frac{D}{H}\right)\frac{1}{\left(\frac{D}{H}\right)^2} Hg\rho D^2 = F_2\left(\frac{D}{H}\right)\rho g H D^2 = k\rho g H D^2$$

5-6 一圆管直径为 0.2m,用于输送运动黏度 $\nu = 4\times 10^{-5}$ m²/s 的油品,流速为 1.2m/s。若在实验室内用直径为 0.05m 的圆管作模型试验,假如采用(1)20℃的水,(2)$\nu = 1.5\times 10^{-5}$ m²/s 的空气,则模型流量各为多少时才能满足黏滞力的相似?

解:依题意有 $Re_p = Re_m$,即

$$\frac{v_p d_p}{\nu_p} = \frac{v_m d_m}{\nu_m} \quad 或 \quad \frac{Q_p}{\nu_p d_p} = \frac{Q_m}{\nu_m d_m}$$

$$Q_p = v_p \frac{\pi}{4} d_p^2 = 1.2 \times \frac{3.14}{4} \times 0.2^2 = 0.03768 (\text{m}^3/\text{s})$$

(1)查表可知 20℃水运动黏度为 1.007×10^{-6} m²/s,由此可得

$$Q_m = Q_p \frac{\nu_m d_m}{\nu_p d_p} = 0.03768 \times \frac{1.007\times 10^{-6} \times 0.05}{4\times 10^{-5} \times 0.2} = 0.000237 (\text{m}^3/\text{s})$$

(2)若为空气,则

$$Q_m = Q_p \frac{\nu_m d_m}{\nu_p d_p} = 0.03768 \times \frac{1.5\times 10^{-5} \times 0.05}{4\times 10^{-5} \times 0.2} = 0.00353 (\text{m}^3/\text{s})$$

5-7 用长为 1m 的船模来模拟长为 100m 的原型船以 15m/s 的速度在水中航行时的流动,试求由雷诺模型和弗劳德模型计算出模型船的速度分别是多少?

解:根据雷诺模型 $Re_p = Re_m$

由于原型和模型都是在水中航行,所以运动黏度相等,即 $\nu_p = \nu_m$,有

$$v_m = v_p \frac{l_p}{l_m} = 15 \times \frac{100}{1} = 1500 (\text{m/s})$$

根据弗劳德模型,$Fr_p = Fr_m$ 得

$$\frac{v_p^2}{g_p l_p} = \frac{v_m^2}{g_m l_m}$$

带入数据得

$$v_m = v_p \sqrt{\frac{l_m}{l_p}} = 15 \times \sqrt{\frac{1}{100}} = 1.5 (\text{m/s})$$

三、思考题与计算题

(一)思考题

1. 什么是量纲?引入量纲的意义是什么?量纲与单位有何区别?

2. 哪些物理量属于基本量？什么是基本量纲和导出量纲？
3. 如何应用量纲公式判断该物理量属于哪一类物理量？
4. 什么是无量纲量？常见的物理量中哪些是无量纲量？无量纲量有何特点？
5. 何谓量纲和谐原理？有什么用处？
6. 在应用瑞利法时应注意哪些事项？
7. 简述 π 定理的内容，应用步骤是怎样的？
8. 什么是几何相似、运动相似和动力相似？
9. 什么是相似准数和相似准则？
10. 什么是重力相似准则、黏性力相似准则和压力相似准则？
11. 雷诺数、弗劳德数和欧拉数的物理意义是什么？
12. 什么叫雷诺模型和弗劳德模型？这两种模型分别适用于哪些情况？

(二)计算题

1. 影响圆管层流流量的各物理量包括管段两端的压强差 Δp、管段长度 l、半径 r_0、流体的动力黏度 μ。试用量纲分析方法中的瑞利法求圆管层流的流量关系式。

$$\left(参考答案：Q = K \frac{\Delta p r_0^4}{l\mu}, 系数\ K\ 由实验确定, K = \frac{\pi}{8}\right)$$

2. 经实验分析，水流对光滑球形潜体的作用力 F 与流速 v、潜体直径 d、水的密度 ρ、水的黏度 μ 等诸物理量有关，即 $F = f(v, d, \rho, \mu)$。试用量纲分析方法中的 π 定理求其关系式。

$$\left(参考答案：F = F(Re)\rho v^2 d^2 = F(Re)\frac{8}{\pi}\frac{\pi d^2}{4}\frac{\rho v^2}{2} = C_D A \frac{\rho v^2}{2}\right)$$

3. 球形固体颗粒在流体中的自由沉降速度 u_f 与颗粒的直径 d、密度 ρ_s，以及流体的密度 ρ、动力黏度 μ 有关。试用 π 定理证明自由沉降速度关系式。

$$\left(参考答案：u_f = f\left(\frac{\rho_s}{\rho}, \frac{\rho u_f d}{\mu}\right)\sqrt{gd}\right)$$

4. 圆形孔口出流的速度 v 与作用水头 H、孔口直径 d、水的密度 ρ、动力黏度 μ 和重力加速度 g 有关。试用 π 定理推导孔口流量公式。

$$\left(参考答案：Q = F\left(\frac{d}{H}, \frac{\mu}{\rho H \sqrt{gH}}\right) A\sqrt{gH} = \mu A\sqrt{gH}\right)$$

5. 为研究热风炉中烟气的流动特性，采用长度比尺为 10 的水流做模型实验。已知热风炉内烟气流速为 8m/s，烟气温度为 600℃，密度为 0.4kg/m³，运动黏度为 0.9cm²/s。模型中水温 10℃，密度为 1000 kg/m³，运动黏度为 0.0131cm²/s。试问：(1)为保证流动相似，模型中水的流速为多少；(2)试验模型的压降为 6307.5Pa，原型热风炉中运行时烟气的压降是多少？

(参考答案：(1)$v_m = 1.16$m/s；(2)$\Delta p_p = 120$Pa)

6. 用水管模拟输油管道。已知输油管直径 500mm，管长 100m，输油量 0.1m³/s，油的运动黏度为 150×10^{-6}m²/s。水管直径 25mm，水的运动黏度为 1.01×10^{-6}m²/s。试求模型管道的长度和模型的流量。

(参考答案：$l_m = 5$m，$Q_m = 0.034 \times 10^{-3}$m³/s)

7. 为研究输水管道上直径 600mm 阀门的阻力特性，采用直径 300mm，几何相似的阀门

— 71 —

用气流做模型实验。已知输水管道的流量为 $0.283\text{m}^3/\text{s}$，水的运动黏度为 $\upsilon=1.01\times10^{-6}\text{m}^2/\text{s}$，空气的运动黏度为 $\upsilon_a=1.6\times10^{-5}\text{m}^2/\text{s}$，试求模型的气流量。

（参考答案：$Q_m=2.242\text{m}^3/\text{s}$）

8. 为研究汽车的空气动力特性，在风洞中进行模型实验。已知汽车高 $h_p=1.5\text{m}$，行车速度 $v_p=108\text{km/h}$，风洞风速 $v_m=45\text{m/s}$，测得模型车的阻力 $p_m=14\text{kN}$，试求模型车的高度 h_m 及汽车受到的阻力。

（参考答案：$h_m=1\text{m}$，$F=6.2\text{kN}$。提示：Re 和 Eu 模型）

9. 为研究风对高层建筑物的影响，在风洞中进行模型实验，当风速为 9m/s 时，测得迎风面压强为 42Pa，背风面压强为 -20Pa，试求温度不变，风速增至 12m/s 时，迎风面和背风面的压强。

（参考答案：74.7Pa，-35.6Pa。提示：Eu 模型）

第六章 黏性流体动力学基础

一、学习引导

(一)基本理论

1. 内部阻力和外部阻力

流体之间摩擦和掺混可视为管流阻力产生的内部原因,所形成的阻力称为内部阻力,记为 F_i,其大小主要受管道直径、流量和流体黏度的影响;流体与管壁之间的摩擦和撞击可视为管流阻力产生的外部原因,所形成的阻力称为外部阻力,记为 F_o,其大小主要由液流与管壁的接触面积、管壁的粗糙程度和流量决定。

2. 沿程阻力与沿程水头损失

流体沿均一直径的直管段流动时所产生的阻力,称为沿程阻力(表现为流体与管壁之间、流体内部的摩擦力)。克服沿程阻力引起的能量损失,称为沿程水头损失,用 h_f 表示。

3. 局部阻力与局部水头损失

流体流过局部管件(如闸门、弯头、三通、滤网等)时所产生的阻力,称为局部阻力。克服局部阻力所消耗的能量称为局部水头损失,用 h_j 表示。

4. 总水头损失

总的水头损失 h_w 为各直管段的沿程水头损失与所有局部管件的局部水头损失之和,即

$$h_w = \sum h_f + \sum h_j$$

5. 湿周

有效断面上流体与固体边壁接触的周界长度,用 χ 表示。

6. 管壁的绝对粗糙度和相对粗糙度

管道内壁上粗糙凸起高度的平均值,称为绝对粗糙度,用 Δ 来表示。绝对粗糙度与管径的比值称为相对粗糙度,用 ε 表示。

$$\varepsilon = \Delta/d$$

7. 水力半径

将有效断面面积 A 与湿周长 χ 的比值称为水力半径,以 R_h 表示,即

$$R_h = A/\chi$$

水力半径越大,流体流动阻力越小;水力半径越小,流体的流动阻力越大。

8. 水力光滑管

当层流底层厚度 $\delta > \Delta$ 时,即层流底层完全淹没了管壁的粗糙凸出部分,层流底层以外的紊流区域完全感受不到管壁粗糙度的影响,流体好像在完全光滑的管子中流动一样。在流体力学中,可将这种情况下的管壁看作是光滑的,这种管称为"水力光滑管"。

9. 水力粗糙管

当层流底层厚度 $\delta < \Delta$ 时,即管壁的粗糙凸出部分有一部分或大部分暴露在紊流区中,流体流过凸出部分将引起漩涡,造成新的能量损失,管壁粗糙度将对紊流流动产生影响。在流体力学中,这种情况下不可再将管壁看作是光滑的,这种管称为"水力粗糙管"。

10. 流态

实际流体的流动由于黏滞性的存在而具有两种不同的状态,层流和紊流。

11. 层流

主要表现为流体质点的摩擦和变形,这种流体质点互不干扰各自成层的流动称为层流。

12. 紊流

主要表现为流体质点的互相掺混,这种流体质点之间互相掺混杂乱无章的流动称为紊流。

13. 应力张量

空间一点的应力状态可以用下面 9 个分量表示

$$T = \begin{pmatrix} \sigma_{xx} & \tau_{xy} & \tau_{xz} \\ \tau_{yx} & \sigma_{yy} & \tau_{yz} \\ \tau_{zx} & \tau_{zy} & \sigma_{zz} \end{pmatrix}$$

式中 9 个量只有 6 个是独立的,应力张量为对称张量。对角线上 3 个量为法向应力,其余 6 个量为切向应力。各分量下标中的第一个表示力作用面的法线方向,第二个表示力的分量方向,如图 6-1 所示。

14. 黏性流体运动微分方程

在黏性流场中取一个微元体,通过分析其受力便可利用牛顿第二定律建立起黏性流体的运动微分方程

$$\begin{cases} X + \dfrac{1}{\rho} \left(\dfrac{\partial \sigma_{xx}}{\partial x} + \dfrac{\partial \tau_{yx}}{\partial y} + \dfrac{\partial \tau_{zx}}{\partial z} \right) = \dfrac{\mathrm{d} u_x}{\mathrm{d} t} \\ Y + \dfrac{1}{\rho} \left(\dfrac{\partial \tau_{xy}}{\partial x} + \dfrac{\partial \sigma_{yy}}{\partial y} + \dfrac{\partial \tau_{zy}}{\partial z} \right) = \dfrac{\mathrm{d} u_y}{\mathrm{d} t} \\ Z + \dfrac{1}{\rho} \left(\dfrac{\partial \tau_{xz}}{\partial x} + \dfrac{\partial \tau_{yz}}{\partial y} + \dfrac{\partial \sigma_{zz}}{\partial z} \right) = \dfrac{\mathrm{d} u_z}{\mathrm{d} t} \end{cases}$$

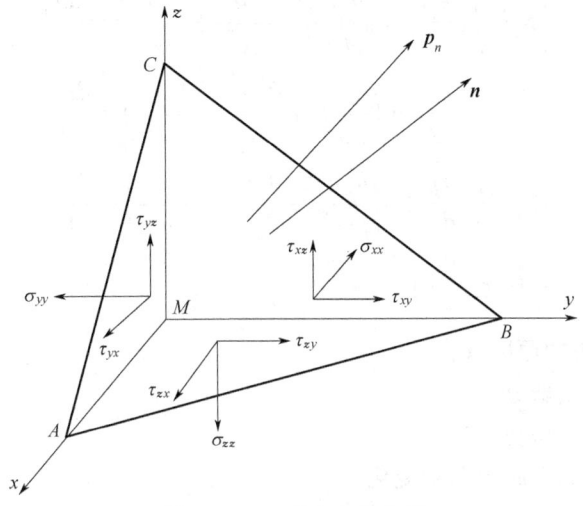

图 6-1　一点应力状态图

15. 牛顿流体本构方程

本构方程即为应力和应变速率之间的关系式

$$\tau_{xy} = \tau_{yx} = \mu\left(\frac{\partial u_x}{\partial y} + \frac{\partial u_y}{\partial x}\right)$$

$$\tau_{yz} = \tau_{zy} = \mu\left(\frac{\partial u_y}{\partial z} + \frac{\partial u_z}{\partial y}\right)$$

$$\tau_{xz} = \tau_{zx} = \mu\left(\frac{\partial u_x}{\partial z} + \frac{\partial u_z}{\partial x}\right)$$

$$\sigma_{xx} = -p + \tau_{xx} = -p + 2\mu\frac{\partial u_x}{\partial x}$$

$$\sigma_{yy} = -p + \tau_{yy} = -p + 2\mu\frac{\partial u_y}{\partial y}$$

$$\sigma_{zz} = -p + \tau_{zz} = -p + 2\mu\frac{\partial u_z}{\partial z}$$

其中,"-"表示压力与作用面的法线方向相反。式中,τ_{xx}、τ_{yy}、τ_{zz} 是由于黏性的存在而引起的附加法向应力,若流体质点间无相对运动时附加法向应力为零,即法向应力在数值上等于流体静压力。

16. 黏性流体中的压力

黏性流体中的压力与法向应力之间的关系(根据不可压缩流体连续性方程)。

$$p = -\frac{\sigma_{xx} + \sigma_{yy} + \sigma_{zz}}{3}$$

三个互相垂直的方向的法向应力彼此未必相等,但三者之和是一个不变量。

17. 广义牛顿定律(N-S方程)

将牛顿流体本构方程代入运动微分方程中即可得到下式

$$\begin{cases} X - \dfrac{1}{\rho}\dfrac{\partial p}{\partial x} + \nu\left(\dfrac{\partial^2 u_x}{\partial x^2} + \dfrac{\partial^2 u_x}{\partial y^2} + \dfrac{\partial^2 u_x}{\partial z^2}\right) = \dfrac{du_x}{dt} \\ Y - \dfrac{1}{\rho}\dfrac{\partial p}{\partial y} + \nu\left(\dfrac{\partial^2 u_y}{\partial x^2} + \dfrac{\partial^2 u_y}{\partial y^2} + \dfrac{\partial^2 u_y}{\partial z^2}\right) = \dfrac{du_y}{dt} \\ Z - \dfrac{1}{\rho}\dfrac{\partial p}{\partial z} + \nu\left(\dfrac{\partial^2 u_z}{\partial x^2} + \dfrac{\partial^2 u_z}{\partial y^2} + \dfrac{\partial^2 u_z}{\partial z^2}\right) = \dfrac{du_z}{dt} \end{cases}$$

18. 局部水头损失产生原因

产生局部水头损失的原因有：
(1)液流中流速的重新分布；
(2)在旋涡中黏性力作功；
(3)液体质点的掺混引起的动量变化。

19. 局部水头损失计算公式

局部水头损失可按下式计算：

$$h_j = \zeta \frac{v^2}{2g}$$

式中，ζ 为局部阻力系数。

(二)重点与难点分析

1. 影响管路阻力的断面要素

(1)过流断面面积 A，其值越大内部阻力 F_i 越小，其值越小内部阻力 F_i 越大；
(2)湿周 χ，其值越大外部阻力 F_o 越大，其值越小外部阻力 F_o 越小；
(3)管壁的粗糙程度，其值越大，外部阻力 F_o 越大。

2. 水力半径 R_h

圆管的水力半径为

$$R_h = \frac{\pi d^2/4}{\pi d} = \frac{d}{4}$$

式中，d 为圆管直径。

矩形截面渠道的水力半径为

$$R_h = \frac{bh}{b+2h}$$

式中，b 为渠宽；h 为水深。

井筒环形截面的水力半径为

$$R_h = \frac{\pi(D^2-d^2)/4}{\pi(D+d)} = \frac{D-d}{4}$$

式中，D 为外管内径；d 为内管外径。

3. 当量直径 D_e

阻力相同的圆管直径即为该非圆管的当量直径。根据圆管直径与水力半径之间的关系，其计算公式为

$$D_e = 4R_h$$

4. 两种流动形态的判别标准

$$Re = \frac{\rho v d}{\mu} = \frac{vd}{\nu}$$

工程实际中在计算水头损失时，为使计算结果偏于安全，将临界雷诺数取为2000。因此，当 $Re < 2000$ 时，即可认为流动为层流；当 $Re \geqslant 2000$ 时，即可认为流动为紊流。

5. 流体在非圆形管道中流动时流态的判别及沿程水头损失的计算

(1) 先求出水力半径 $R_h = A/\chi$；
(2) 求当量直径 $D_e = 4R_h$；
(3) 根据雷诺数与2000相比判别其流态（有时也与500相比判别其流态）。

$$Re_e = \frac{vD_e}{\nu} = \frac{\rho v D_e}{\mu}$$

$$Re_e = \frac{vR_h}{\nu} = \frac{\rho v R_h}{\mu}$$

(4) 非圆管层流的沿程水头损失

$$h_f = \lambda \frac{L}{D_e} \frac{v^2}{2g}$$

式中，$\lambda = \dfrac{64}{Re_e}$。

6. 沿程水头损失与速度的关系

(1) 层流状态下沿程水头损失与平均流速成正比；
(2) 紊流状态下沿程水头损失与平均流速的1.75～2次方成正比。

7. N-S方程的应用

根据N-S方程可求解速度分布，首先根据边界条件对N-S方程进行简化，再对简化后的微分方程求解，如：
(1) 平行平板间的纯剪切流；
(2) 平行平板间的泊谡叶流；
(3) 平行平板间的库特流；
(4) 圆管层流速度分布、流量、最大流速、平均流速和切应力。

由平行平板间的库特流的速度分布为纯剪切流和泊谡叶流的叠加可知，在求解复杂的流动时，可分解为求解多个简单流动，最后对其进行叠加。

8. 圆管层流的速度分布

1)速度分布

$$u = \frac{\Delta p}{4\mu L}(R^2 - r^2)$$

圆管层流的速度分布为一关于管轴对称的旋转抛物面。

2)最大速度

$$u_{\max} = \frac{\Delta p}{4\mu L}R^2$$

3)速度分布 u 与最大流速 $u_{\max}$ 之间的关系

$$u = u_{\max}\left(1 - \frac{r^2}{R^2}\right)$$

4)速度分布 u 与平均流速之间的关系

$$u = 2u_a\left(1 - \frac{r^2}{R^2}\right)$$

$$u_a = \frac{1}{2}u_{\max}$$

若已知管流的平均流速,即可知道圆管层流的速度分布。

9. 圆管层流切应力公式

$$\tau_0 = \frac{\Delta p R}{2L}$$

$$\tau = \frac{\Delta p r}{2L}$$

式中,τ_0 为管壁处的切应力;τ 为任意半径 r 处的切应力,上式又称为均匀流动方程式,可与本构方程联立求解速度分布。

10. 圆管层流沿程水头损失

$$h_f = \lambda \frac{L}{D} \frac{v^2}{2g}$$

式中,$\lambda = \dfrac{64}{Re}$ 为圆管层流的沿程阻力系数或水力摩阻系数。

11. 圆管紊流的沿程水头损失

圆管紊流的沿程水头损失计算公式与层流完全一致,差别在于沿程阻力系数的确定。以下方法均是根据雷诺数和相对粗糙度确定沿程阻力系数 λ。

(1)尼古拉兹实验曲线——人工管道;
(2)莫迪图——适用于工业管道;
(3)经验公式。

12. 局部阻力系数

(1)突扩管,如图 6-2 所示。

$$h_j = \left(1 - \frac{A_1}{A_2}\right)^2 \frac{v_1^2}{2g} = \zeta_1 \frac{v_1^2}{2g} \quad \text{或} \quad h_j = \left(\frac{A_2}{A_1} - 1\right)^2 \frac{v_2^2}{2g} = \zeta_2 \frac{v_2^2}{2g}$$

图 6-2 突扩管

(2)突缩管,如图 6-3 所示。

$$\zeta = 0.5(1 - A_2/A_1)$$

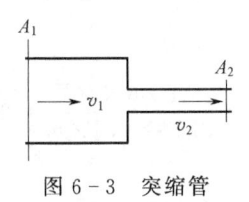

图 6-3 突缩管

(3)管道锐缘进口(突缩的特例)、出口(突扩的特例),如图 6-4 所示。

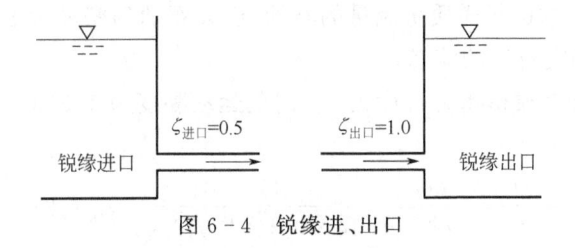

图 6-4 锐缘进、出口

二、习题详解

6-1 用直径为 100mm 的管路输送相对密度为 0.85 的柴油,在温度 20℃时,其运动黏度为 $6.7 \times 10^{-6} \text{m}^2/\text{s}$,欲保持层流则平均流速不能超过多少?最大输送量为多少?

解:欲保持层流需 $Re \leq 2000$,即

$$Re = \frac{vd}{\nu} \leq 2000$$

则

(1) $$v_{\max} = \frac{2000\nu}{d} = \frac{2000 \times 6.7 \times 10^{-6}}{0.1} = 0.134 \text{(m/s)}$$

(2) $Q_{\max} = \frac{1}{4}\pi d^2 v_{\max} \rho_o = \frac{1}{4} \times 3.14 \times 0.1^2 \times 0.134 \times 0.85 \times 1000 = 0.0009 \text{(t/s)}$

6-2 用管路输送相对密度为 0.9,黏度为 0.045Pa·s 的原油,维持平均速度不超过 1m/s,若保持在层流的状态下输送,则管径最大不能超过多少?

解:欲保持层流需 $Re \leq 2000$,即

$$Re = \frac{vd}{\nu} \leq 2000$$

— 79 —

其中
$$\nu=\frac{\mu}{\rho}=\frac{0.045}{0.9\times10^3}=5\times10^{-5}(\text{m}^2/\text{s})$$

则
$$d=\frac{2000\nu}{v_{\max}}=\frac{2000\times5\times10^{-5}}{1}=0.1(\text{m})$$

6-3 沿内径0.1m的管路输送相对密度为0.88的柴油,设流量为$1.66\times10^{-3}\ \text{m}^3/\text{s}$时恰好处于临界状态,试求柴油的运动黏度?

解:根据临界状态时
$$Re=\frac{vd}{\nu}=2000$$

即
$$\frac{4Q}{\pi d\nu}=\frac{4\times1.66\times10^{-3}}{3.14\times0.1\times\nu}=2000$$

得
$$\nu=1.057\times10^{-5}(\text{m}^2/\text{s})$$

6-4 用直径为0.1m管道,输送流量为$10\times10^{-3}\ \text{m}^3/\text{s}$的水,如水温为5℃。试确定管内水的流态。如果该管输送同样质量流量的石油,已知石油的密度为850kg/m^3,运动黏度为$1.14\times10^{-4}\text{m}^2/\text{s}$,试确定石油的流态。

解:(1)查水的物理性质得水在温度为5℃时的运动黏度为$1.519\times10^{-6}\text{m}^2/\text{s}$。根据已知条件可知
$$Re=\frac{vD}{\nu}=\frac{4Q}{\pi D\nu}=\frac{4\times0.01}{3.14\times0.1\times1.519\times10^{-6}}=83863$$

故为紊流。

(2)因该管输送同样质量流量的石油,其体积流量为
$$Q_o=\frac{Q_w\rho}{\rho_o}=\frac{10\times10^{-3}\times1000}{850}=0.012(\text{m}^3/\text{s})$$

则
$$Re=\frac{v_oD}{\nu_o}=\frac{4Q_o}{\pi D\nu_o}=\frac{4\times0.012}{3.14\times0.1\times1.14\times10^{-4}}=1341 \quad\text{为层流}$$

6-5 沿直径为200mm的管道输送润滑油,设流量为9000kg/h,润滑油的密度为900kg/m^3,运动黏度系数冬季为$1.1\times10^{-4}\text{m}^2/\text{s}$,夏季为$3.55\times10^{-5}\text{m}^2/\text{s}$,试判断冬夏两季润滑油在管路中的流动状态。

解:由雷诺数可知
冬季
$$Re=\frac{vd}{\nu_\text{冬}}=\frac{4Q}{\pi d\nu_\text{冬}}=\frac{4\times9000}{3600\times900\times3.14\times0.2\times1.1\times10^{-4}}=161 \quad\text{为层流}$$

夏季
$$Re=\frac{vd}{\nu_\text{夏}}=\frac{4Q}{\pi d\nu_\text{夏}}=\frac{4\times9000}{3600\times900\times3.14\times0.2\times3.55\times10^{-5}}=498 \quad\text{为层流}$$

6-6 实验测得层流状态下圆管轴心处最大速度为 4m/s,求断面平均流速?此平均流速相当于半径为若干处的实际流速?

解:(1)由圆管层流速度分布公式

$$u = \frac{\Delta p}{4\mu L}(R^2 - r^2)$$

平均流速为最大流速的一半,可知

$$\begin{cases} v = \frac{1}{2}u_{\max} = 2\text{m/s} \\ u = u_{\max}\left(1 - \frac{r^2}{R^2}\right) \end{cases}$$

(2)令 $u = 4\left(1 - \frac{r^2}{R^2}\right) = 2$ 可得

$$r = \frac{\sqrt{2}}{2}R$$

6-7 密度为 $\rho = 850\text{kg/m}^3$ 的原油在图 6-5 所示的直径为 $d = 0.02\text{m}$ 的圆管中以 $v = 1\text{m/s}$ 的速度流动,AB 间的高差为 3m,水银压差计的读数 $\Delta h = 0.1\text{m}$,试求:(1)原油在管中的流态;(2)原油的黏度;(3)反向流动时水银压差计的读数。

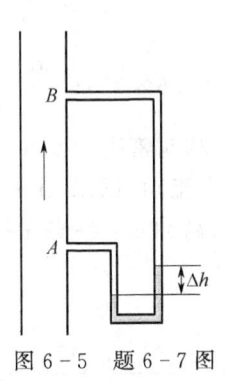

图 6-5 题 6-7 图

解:(1)取 A、B 所在断面为缓变流断面,流体从 A 流向 B,列伯努利方程得

$$z_A + \frac{p_A}{\rho g} + \frac{\alpha_A v_A^2}{2g} = z_B + \frac{p_B}{\rho g} + \frac{\alpha_B v_B^2}{2g} + h_{f_{A-B}}$$

其中,将 $p_A + \rho g \Delta h = p_B + \rho g \times 3 + \rho_{汞} g \Delta h$ 代入上式得到

$$h_{f_{A-B}} = 1.5(\text{m})$$

根据达西公式,计算沿程阻力系数得

$$\lambda = \frac{h_f \times d \times 2g}{lv^2} = \frac{1.5 \times 0.02 \times 2 \times 9.8}{3 \times 1^2} = 0.196$$

假设该流动为层流,则 $\lambda = \frac{64}{Re}$, $Re = \frac{64}{\lambda} = \frac{64}{0.196} = 326.53 < 2000$

所以假设层流流动成立。

(2)由 $Re = \frac{\rho v d}{\mu}$ 得 $\mu = \frac{\rho v d}{Re} = \frac{850 \times 1 \times 0.02}{326.53} = 0.052(\text{Pa} \cdot \text{s})$

(3)当流动反向即从 B 流向 A 时,列 A、B 所在断面伯努利方程

$$z_B + \frac{p_B}{\rho g} + \frac{\alpha_B v_B^2}{2g} = z_A + \frac{p_A}{\rho g} + \frac{\alpha_A v_A^2}{2g} + h_{f_{B-A}}$$

整理得

$$z_B + \frac{p_B}{\rho g} - \left(z_A + \frac{p_A}{\rho g}\right) = h_{f_{B-A}}$$

而当流动从 A 流向 B 时，其伯努利方程变形为

$$z_A + \frac{p_A}{\rho g} - \left(z_B + \frac{p_B}{\rho g}\right) = h_{f_{A-B}}$$

比较上述两个方程发现：当流动方向反向后，A、B 两个断面测压管水头差数值不变，符号相反，所以 U 形测压管读数不变，只是左右枝转向，左高右低即可。

6-8 水管直径为 0.25m，长为 300m，绝对粗糙度为 0.25mm，流量为 $95 \times 10^{-3} \mathrm{m^3/s}$，运动黏度为 $1 \times 10^{-6} \mathrm{m^2/s}$，求沿程水头损失。

解：雷诺数

$$Re = \frac{4Q}{\pi d v} = \frac{4 \times 0.095}{3.14 \times 0.25 \times 10^{-6}} = 484076$$

相对粗糙度为

$$\Delta/d = 0.001$$

查莫迪图得 $\lambda = 0.02$

$$h_f = 0.0826\lambda \frac{Q^2 l}{d^5} = 0.0826 \times 0.02 \times \frac{0.095^2 \times 300}{0.25^5} = 4.58(\mathrm{m})$$

6-9 运动黏度为 $1 \times 10^{-6} \mathrm{m^2/s}$，相对密度为 0.8 的石油以流量 50×10^{-3} $\mathrm{m^3/s}$ 沿直径为 0.15m，绝对粗糙度为 0.25mm 管线流动，试求 1km 管线上的压降（设地形平坦，不计高差）。若管线全程长 10km，终点比起点高 20cm，终点压强为 98000Pa，则起点应具备的压头为多少？

解：(1)雷诺数

$$Re = \frac{4Q}{\pi d v} = \frac{4 \times 0.05}{3.14 \times 0.15 \times 10^{-6}} = 424628$$

相对粗糙度为

$$\varepsilon = \Delta/d = 0.25/150 = 0.0017$$

查莫迪图得 $\lambda = 0.023$

每千米管线上的压降为

$$j = \frac{\Delta p}{L} \times 1000 = 0.0826\lambda \frac{Q^2}{d^5} \rho g \times 1000$$

$$= 0.0826 \times 0.023 \times \frac{0.05^2}{0.15^5} \times 800 \times 9.8 \times 1000$$

$$= 490.352(\mathrm{kPa/km})$$

(2)列起点和终点的伯努利方程

$$\frac{p_1}{\rho g} = 0.2 + \frac{p_2}{\rho g} + 10 \times \frac{j}{\rho g}$$

$$= 0.2 + \frac{98000}{800 \times 9.8} + 10 \times \frac{490352}{800 \times 9.8}$$

$$=638.15(\text{m})$$

6-10 如图 6-6 所示的漏斗黏度计毛细管的长为 1m,直径为 0.001m,测得某液体的流量为 $10^{-7}\text{m}^3/\text{s}$,试求其运动黏度。

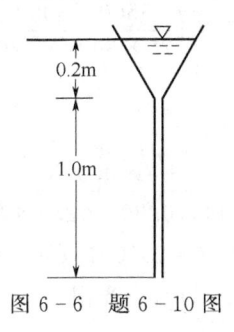

图 6-6 题 6-10 图

解:取自由液面和出口断面列伯努利方程,

$$1.2=\frac{v^2}{2g}+h_w$$

即

$$h_w=1.2-\frac{v^2}{2g}$$

由于 $v=\frac{4Q}{\pi d^2}=\frac{4\times 10^{-7}}{3.14\times 0.001^2}=0.1274(\text{m/s})$

所以 $h_w=1.2-\frac{v^2}{2g}=1.2-\frac{0.1274^2}{2\times 9.8}=1.199(\text{m})$

考虑局部水头损失

$$h_j=0.5\times\frac{v^2}{2g}=0.000414(\text{m})$$

因为局部水头损失太小,所以认为 $h_w=h_f=\lambda\frac{l}{d}\frac{v^2}{2g}$ 则

$$\lambda=\frac{h_f\times d\times 2\times g}{lv^2}=\frac{1.199\times 0.001\times 2\times 9.8}{1\times 0.1274^2}=1.45$$

假设流动为层流,则

$$Re=\frac{64}{\lambda}=\frac{64}{1.45}=44.14<2000$$

假设层流成立,则流体的运动黏度为

$$\nu=\frac{vd}{Re}=\frac{0.1274\times 0.001}{44.14}=2.9\times 10^{-6}(\text{m}^2/\text{s})$$

6-11 为了测量沿程阻力系数,在直径 0.305m、长 200km 的输油管道上进行现场实验。输送的油品为相对密度 0.82 的煤油。每昼夜输送量为 5500t。管道终点的标高为 27m,起点的标高为 152m。起点压强保持在 4.9MPa,终点压强为 0.2MPa。油的运动黏度为 $2.5\times 10^{-6}\text{m}^2/\text{s}$。试根据实验结果计算沿程阻力系数 λ 值。并将实验结果与按经验公式所计算的结果进行对比。(设绝对粗糙度 $\Delta=0.15\text{mm}$)。

解:(1)根据实验结果计算沿程阻力系数,列起点和终点的伯努利方程式

$$h_f=z_1-z_2+\frac{p_1-p_2}{\rho g}=152-27+\frac{4.9-0.2}{820\times 9.8}\times 10^6=709.87(\text{m})$$

由
$$h_f = 0.0826\lambda \frac{Q^2 l}{d^5}$$

得
$$\lambda = \frac{h_f d^5}{0.0826 Q^2 l} = \frac{709.87 \times 0.305^5}{0.0826 \times \left(\frac{5500 \times 1000}{24 \times 3600 \times 820}\right)^2 \times 200 \times 10^3} = 0.019$$

(2)按经验公式计算

雷诺数
$$Re = \frac{4Q}{\pi d v} = \frac{4 \times 0.078}{3.14 \times 0.305 \times 2.5 \times 10^{-6}} = 130312$$

$$\varepsilon = \Delta/R = 2\Delta/d = 2 \times 0.15/305 = 9.84 \times 10^{-4}$$

因 $2000 < Re < 59.7/\varepsilon^{8/7} = 160054$ 为水力光滑。

则沿程阻力系数为
$$\lambda = 0.3164/Re^{0.25} = 0.3164/130312^{0.25} = 0.017$$

6-12 相对密度为1.2、黏度为1.73mPa·s的盐水,以 6.95×10^{-3} m³/s的流量流过内径为0.08m的铁管,已知其沿程阻力系数 $\lambda = 0.042$。管路中有一个90°弯头,其局部阻力系数 $\zeta = 0.13$。试确定此弯头的局部水头损失及相当长度。

解:(1)由局部水头损失公式
$$h_j = \zeta \frac{v^2}{2g} = \zeta \frac{8Q^2}{\pi^2 d^4 g} = 0.13 \times \frac{8 \times (6.95 \times 10^{-3})^2}{3.14^2 \times 0.08^4 \times 9.8} = 0.013(\text{m})$$

(2)相当长度

令 $h_f = h_j$,即 $\zeta \frac{v^2}{2g} = \lambda \frac{l_{当}}{d} \frac{v^2}{2g}$,则可得

$$l_{当} = \frac{\zeta d}{\lambda} = \frac{0.13 \times 0.08}{0.042} = 0.248(\text{m})$$

6-13 图6-7所示的给水管路。已知 $L_1 = 25$m, $L_2 = 10$m, $D_1 = 0.15$m, $D_2 = 0.125$m, $\lambda_1 = 0.037, \lambda_2 = 0.039$,闸门开启1/4,其阻力系数为17,流量为 15×10^{-3} m³/s。试求水池中的水头 H。

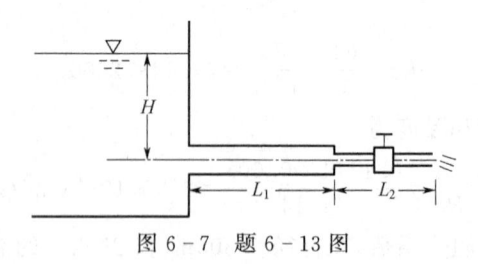

图6-7 题6-13图

解:列自由液面和出口断面的伯努利方程式
$$H = \frac{v_2^2}{2g} + h_f + h_j$$

其中
$$h_f = 0.0826 Q^2 \left(\lambda_1 \frac{l_1}{d_1^5} + \lambda_2 \frac{l_2}{d_2^5}\right)$$

$$= 0.0826 \times 0.015^2 \times \left(0.037 \times \frac{25}{0.15^5} + 0.039 \times \frac{10}{0.125^5}\right)$$

$$= 0.464 (\mathrm{m})$$

$$h_j = 0.5 \frac{v_1^2}{2g} + \left[0.5\left(1 - \frac{A_2}{A_1}\right) + \zeta\right] \frac{v_2^2}{2g}$$

$$= 0.5 \frac{\left(\frac{0.015}{0.25 \times 3.14 \times 0.15^2}\right)^2}{2 \times 9.8} + \left[0.5\left(1 - \frac{0.125^2}{0.15^2}\right) + 17\right] \frac{\left(\frac{0.015}{0.25 \times 3.14 \times 0.125^2}\right)^2}{2 \times 9.8}$$

$$= 1.327 (\mathrm{m})$$

则

$$H = \frac{v_2^2}{2g} + h_f + h_j$$

$$= \frac{\left(\frac{0.015}{0.25 \times 3.14 \times 0.125^2}\right)^2}{2 \times 9.8} + 0.464 + 1.327$$

$$= 1.867 (\mathrm{m})$$

6-14 图 6-8 所示两水箱由一根长为 100m，管道直径为 0.1m 的钢管相连，管路上有全开闸阀一个，$R/D = 4.0$ 的 90°弯头两个，水温为 10℃。当液面稳定时，流量为 $6.5 \times 10^{-3} \mathrm{m^3/s}$，求此时液面差 H（设绝对粗糙度 $\Delta = 0.15 \mathrm{mm}$）。

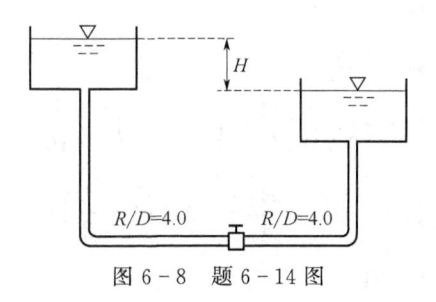

图 6-8 题 6-14 图

解：列两液面的伯努利方程

$$H = h_f + h_j$$

查表，10℃时水运动黏度为 $\upsilon = 1.308 \times 10^{-6} \mathrm{m^2/s}$。

查表，$R/D = 4.0$ 的 90°弯头的局部阻力系数 $\zeta_0 = 0.35$。

雷诺数

$$Re = \frac{vd}{\upsilon} = \frac{4Q}{\pi d \upsilon} = \frac{4 \times 0.0065}{3.14 \times 0.1 \times 1.308 \times 10^{-6}} = 6.33 \times 10^4$$

相对粗糙度

$$\varepsilon = 2\Delta/d = 2 \times 0.15 \times 10^{-3}/0.1 = 3 \times 10^{-3}$$

因 $2000 < Re < 59.7/\varepsilon^{8/7}$，则

$$\lambda = \frac{0.3164}{Re^{0.25}} = \frac{0.3164}{(6.33 \times 10^4)^{0.25}} = 0.02$$

由 $\zeta = \zeta_0 \frac{\lambda}{0.022}$ 得，弯头的局部阻力系数为 $\zeta = 0.35 \times \frac{0.02}{0.022} = 0.318$

$$H = h_f + h_j$$
$$= 0.0826\lambda \frac{Q^2 l}{d^5} + (0.5 + 2\zeta + 1.0)\frac{v^2}{2g}$$
$$= 0.0826 \times 0.02 \times \frac{0.0065^2 \times 100}{0.1^5} + (0.5 + 2 \times 0.318 + 1)\frac{\left(\frac{0.0065}{0.25 \times 3.14 \times 0.1^2}\right)^2}{2 \times 9.8}$$
$$= 0.698(\text{m})$$

6-15 今有定位压力水箱如图 6-9 所示,其中封闭水箱液面上的表压强 $p = 0.118\text{MPa}$,水由其中流出,并沿着由三个不同直径的管路所组成的管路流到开口容器中。$H_1 = 1\text{m}, H_2 = 3\text{m}$,管路截面积 $A_1 = 1.5A_3, A_2 = 2A_3, A_3 = 0.002\text{m}^2$。试确定水的流量 Q。

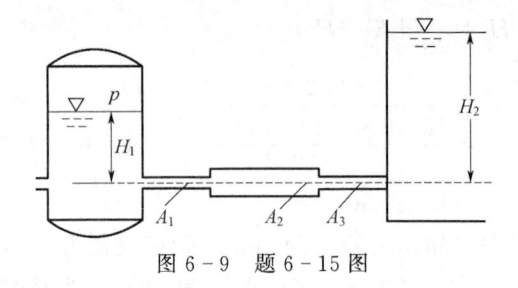

图 6-9 题 6-15 图

解:设第三段管路速度为 v_3,由连续性方程可知 $v_2 = 0.5 v_3, v_1 = 0.67 v_3$,四处局部阻力系数依次为

$$\zeta_1 = 0.5$$
$$\zeta_2 = \left(1 - \frac{A_1}{A_2}\right)^2 = \left(1 - \frac{1.5}{2}\right)^2 = \frac{1}{16}$$
$$\zeta_3 = 0.5\left(1 - \frac{A_3}{A_2}\right) = 0.5\left(1 - \frac{1}{2}\right) = \frac{1}{4}$$
$$\zeta_4 = 1$$

列两液面的伯努利方程,因管路较短,仅考虑局部水头损失,则

$$H_1 + \frac{p}{\rho g} = H_2 + h_j$$
$$h_j = \frac{p}{\rho g} + H_1 - H_2 = 0.5 \times \frac{(0.67v_3)^2}{2g} + \frac{1}{16} \times \frac{(0.67v_3)^2}{2g} + \frac{1}{4} \times \frac{v_3^2}{2g} + 1 \times \frac{v_3^2}{2g}$$

即 $$\frac{0.118 \times 10^6}{9800} + 1 - 3 = 0.5 \times \frac{(0.67v_3)^2}{2 \times 9.8} + \frac{1}{16} \times \frac{(0.67v_3)^2}{2 \times 9.8} + \frac{1}{4} \times \frac{v_3^2}{2 \times 9.8} + 1 \times \frac{v_3^2}{2 \times 9.8}$$

解得 $$v_3 = 11.44(\text{m/s})$$
$$Q = v_3 A_3 = 11.44 \times 0.002 = 0.023(\text{m}^3/\text{s})$$

6-16 图 6-10 所示一管路全长 $l = 30\text{m}$,管壁粗糙度 $\Delta = 0.5\text{mm}$,管径 $d = 0.2\text{m}$,水流断面平均流速 $v = 0.1\text{m/s}$,水温为 10℃,试求沿程水头损失。若管路上装有两个节门(开度均为 1/2),一个弯头进口为流线型,求局部水头损失。若流速 $v = 4\text{m/s}, l = 300\text{m}$,其他条件均不变时,试求沿程水头损失及局部水头损失。

解:(1)10℃时水的运动黏度 $v = 1.308 \times 10^{-6} \text{m}^2/\text{s}$,则

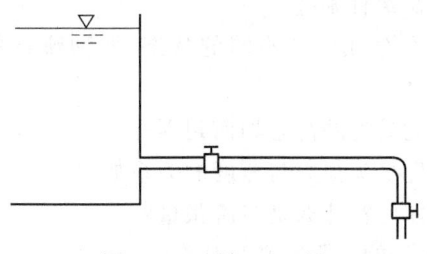

图 6-10 题 6-16 图

$$Re=\frac{vd}{\upsilon}=\frac{0.1\times 0.2}{1.308\times 10^{-6}}=15291$$

$$\varepsilon=\Delta/R=2\Delta/d=2\times 0.05/20=5\times 10^{-3}$$

因 $2000<Re<(59.7/\varepsilon^{8/7}=25074)$

故 $\lambda=0.3164/Re^{0.25}=0.3164/(15291)^{0.25}=0.0285$

$$h_f=\lambda\frac{l}{d}\frac{v^2}{2g}=0.0285\times\frac{30}{0.2}\times\frac{0.1^2}{2\times 9.8}=0.002(\text{m})$$

经查表，节门 $\zeta_0=0.4$，弯头 $\zeta_0=0.35$，则

由 $\zeta=\zeta_0\dfrac{\lambda}{0.022}$ 得，节门的局部阻力系数 $\zeta_{节门}=0.4\times\dfrac{0.0285}{0.022}=0.518$

弯头的局部阻力系数 $\zeta_{弯头}=0.35\times\dfrac{0.0285}{0.022}=0.453$

$$h_j=(0.5+0.518\times 2+0.453)\frac{v^2}{2g}=1.989\times\frac{0.1^2}{19.6}=0.001(\text{m})$$

(2) $$Re=\frac{vd}{\upsilon}=\frac{4\times 0.2}{1.308\times 10^{-6}}=611621$$

$$\varepsilon=\Delta/d=0.05/20=2.5\times 10^{-3}$$

查莫迪图得 $\lambda=0.025$

$$h_f=\lambda\frac{l}{d}\frac{v^2}{2g}=0.025\times\frac{300}{0.2}\times\frac{4^2}{2\times 9.8}=30.61(\text{m})$$

此时 $\zeta_{节门}=0.4\times\dfrac{0.025}{0.022}=0.455$，$\zeta_{弯头}=0.35\times\dfrac{0.025}{0.022}=0.398$

$$h_j=(0.5+0.455\times 2+0.398)\frac{v^2}{2g}=1.808\times\frac{4^2}{19.6}=1.476(\text{m})$$

三、思考题与计算题

(一)思考题

1. 水头损失包括几部分，如何分类？
2. 什么是湿周，其与外部阻力有何关系，有压管和无压管的湿周有何区别？
3. 什么是绝对粗糙度、相对粗糙度，其与外部阻力有何关系？
4. 什么是水力半径，为什么可用水力半径表示断面对阻力的影响？

5. 影响管路阻力的断面要素有哪些？

6. 实际流体的流动为什么存在两种不同的状态，两种流态各有何特点？如何判别圆管流态？

7. 流体在非圆形管道中流动时的流态如何判别？

8. 层流和紊流状态时沿程水头损失与速度的关系如何？

9. 应力张量各项的意义如何？什么是二阶张量？

10. 黏性流体运动微分方程的实际意义是什么？

11. 什么是本构方程？

12. 黏性流体中的压力与法向应力之间有何关系？

13. 纳维—斯托克斯方程的物理意义是什么，有何应用？

14. 圆管内层流有哪些特点？

15. 圆管紊流的沿程水头损失都有哪些计算方法？

16. 包达公式即突扩管的局部水头损失计算公式是根据哪几个方程推导出来的？

17. 何谓层流底层，其大小与哪些因素有关？

18. 如何划分水力光滑管和水力粗糙管？

19. 怎样进行阻力实验来确定沿程水力摩阻系数 λ 和局部阻力系数 ζ 值？

20. 何谓当量直径和当量长度？有什么用处？

(二)计算题

1. 水管直径 $d=10\text{cm}$，管中流速 $v=1\text{m/s}$，水温为 $10℃$，(1)试判断流态。(2)流速等于多少时，流态将发生变化？

(参考答案:(1)紊流,(2)0.026m/s)

2. 有一矩形断面的小排水沟，水深 15cm，底宽 20cm，流速 0.15m/s，水温 $10℃$，试判别流态。

(参考答案:紊流)

3. 求圆管断面上的平均流速 v 与轴心最大流速 $u_{\max}$ 的比值。设 r_0 为圆管半径，y 为离管壁的距离，已知流速分布曲线为：

$(1) u = u_{\max}\left[1-\left(1-\dfrac{y}{r_0}\right)^2\right]$；$(2) u = u_{\max}\left(\dfrac{y}{r_0}\right)^{\frac{1}{7}}$；$(3) u = u_{\max}\left(\dfrac{y}{r_0}\right)^{\frac{1}{10}}$

$\left(\text{参考答案}:(1)\dfrac{v}{u_{\max}}=\dfrac{1}{2};(2)\dfrac{v}{u_{\max}}=\dfrac{49}{60};(3)\dfrac{v}{u_{\max}}=\dfrac{200}{231}\right)$

4. 管径 400mm，测得层流状态下管轴心处最大流速为 4m/s，求断面平均流速？此平均流速相当于半径为若干处的实际流速？

(参考答案:(1)$v=2\text{m/s}$;(2)$r=141\text{mm}$)

5. 设 r_0 为圆管半径，试求圆管层流的点速度等于截面平均速度的点的位置。

$\left(\text{参考答案}:r=\dfrac{r_0}{\sqrt{2}}\right)$

6. 水箱中的水经管道出流，如图 6-11 所示。已知管道直径为 25mm，长度为 6m，水位 $H=13\text{m}$，沿程阻力系数 $\lambda=0.02$，试求流量及管壁切应力 τ_0。

(参考答案:$Q=0.0033\text{m}^3/\text{s},\tau_0=109.89\text{Pa}$)

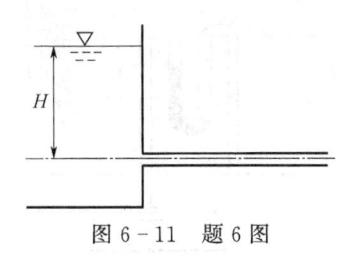

图 6-11 题 6 图

7. 如图 6-12 所示,二平板沿相反的方向运动,若 $p_1=p_2=9.806\times10^4\text{Pa}$, $\delta=105\text{mm}$, $\mu=0.49\text{Pa}\cdot\text{s}$, $u=2v=2\text{m/s}$,求作用在每块平板上的切向应力 τ。

(参考答案:$\tau=14\text{N/m}^2$)

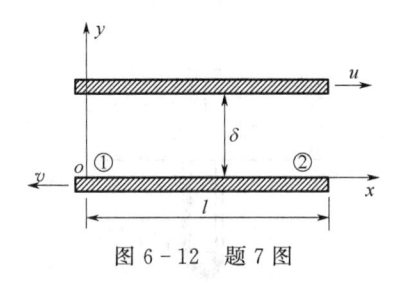

图 6-12 题 7 图

8. 动力黏度 $\mu=0.072\text{N}\cdot\text{s/m}^2$ 的油在管径 $d=0.1\text{m}$ 的圆管中作层流运动,流量 $Q=3\times10^{-3}\text{m}^3/\text{s}$,试计算管壁的切应力 τ_0。

(参考答案:$\tau_0=2.2\text{Pa}$)

9. 输油管的直径 $d=150\text{mm}$,流量 $Q=16.3\text{m}^3/\text{h}$,油的运动黏度 $\nu=0.2\text{cm}^2/\text{s}$,试求每千米管长的沿程水头损失。

(参考答案:0.747m)

10. 为了测定圆管内径,在管内通过运动黏度 $\nu=0.013\text{cm}^2/\text{s}$ 的水,实测流量为 $35\text{cm}^3/\text{s}$,长 15m 管段上的水头损失为 2cm 水柱,试求此圆管的内径。

(参考答案:0.019m)

11. 应用细管式黏度计测定油的黏度,如图 6-13 所示。已知细管直径 $d=6\text{mm}$,测量段长 $l=2\text{m}$,实测油的流量为 $Q=77\text{cm}^3/\text{s}$,水银压差计的读值 $h=30\text{cm}$,油的密度为 $\rho=900\text{kg/m}^3$。试求油的运动黏度 ν 和动力黏度 μ。

(参考答案:$\nu=8.6\times10^{-6}\text{m}^2/\text{s}$,$\mu=0.0077\text{Pa}\cdot\text{s}$)

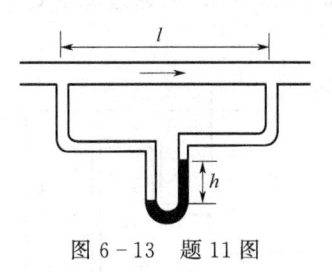

图 6-13 题 11 图

12. 油管直径为 75mm,如图 6-14 所示,已知油的密度为 900kg/m^3,运动黏度为 $0.9\text{cm}^2/\text{s}$,在管轴位置安放连接水银压差计的皮托管,水银面高差 $h=20\text{mm}$,试求油的流量。

(参考答案:$0.01\text{m}^3/\text{s}$)

图 6-14 题 12 图

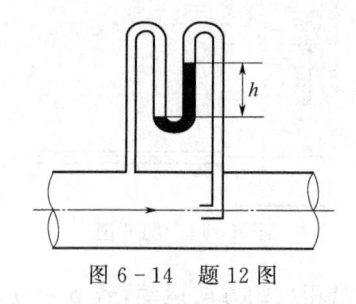

13. 输水管道中设有阀门,如图 6-15 所示。已知管道直径为 50mm,通过流量为 3.34L/s,水银压差计读值 $\Delta h=150$mm,沿程水头损失不计,试求阀门的局部阻力系数。

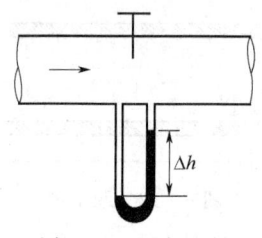

(参考答案:$\zeta=12.82$)

图 6-15 题 13 图

14. 如图 6-16 所示,已知水管直径为 50mm,1—1、2—2 两断面相距 15m,高差为 3m,通过流量 $Q=6$L/s,水银压差计读值为 250mm,试求管道的沿程阻力系数。

(参考答案:0.022)

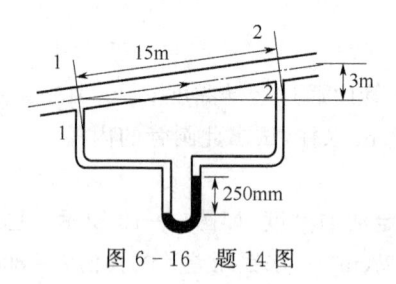

图 6-16 题 14 图

15. 两水池水位恒定,如图 6-17 所示。已知管道直径 $d=10$cm,管长 $l=20$m,沿程阻力系数 $\lambda=0.042$,局部阻力系数 $\xi_{弯}=0.8$,$\xi_{阀}=0.26$,通过流量 $Q=65$L/s,试求水池水面高差 H。

(参考答案:$H=40.36$m)

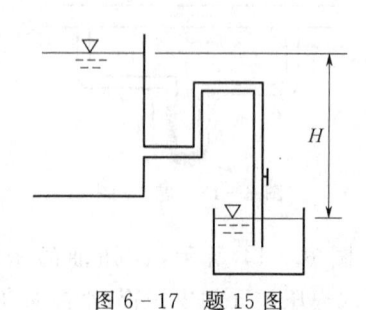

图 6-17 题 15 图

— 90 —

16. 有一突然扩大管段,如图 6-18 所示。水流经管径 $d_1=60$cm 处时,流速为 6m/s,压强为 700kPa,放大后的管径为 $d_2=75$cm,试计算水流经过该管段时的水头损失。

(参考答案:$h_w=25.95$m)

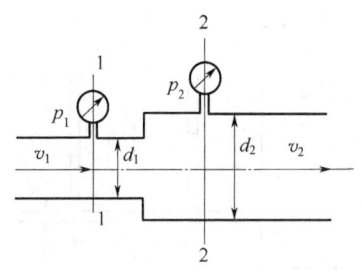

图 6-18 题 16 图

17. 输油管长度 $L=44$m,从一敞开口油箱向外泄流,油箱中油面比管路出口高 $H=2$m,油的运动黏度 $\nu=1\times10^{-4}$m²/s:

(1)若要求流量 $Q=1$L/s,管路直径 d 应为多少?

(2)若 $H=3$m,为保持管中为层流,直径 d 最大为多少? 这时的流量为多少?

(参考答案:(1)$d=55$mm;(2)$d=98.5$mm,$Q=15.47$L/s)

18. 为测定 90°弯头的局部阻力系数 ζ,可采用如图 6-19 所示的装置。已知 AB 段管长 $l=10$m,管径 $d=50$mm,$\lambda=0.03$。实测数据为:(1)AB 两段面测压管水头差 $h=0.629$m,(2)经两分钟流入量水箱的水量为 0.329m³,求弯头的局部阻力系数 ζ。

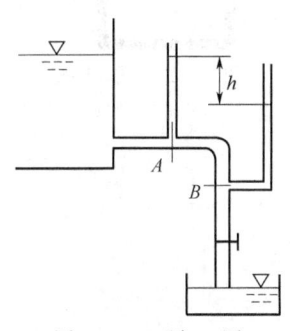

(参考答案:$\zeta=0.317$)

图 6-19 题 18 图

19. 如图 6-20 所示,水箱中的水通过直径为 d,长度为 l,沿程阻力系数为 λ 的立管向大气中泄水,问 h 多大时,流量 Q 的计算式与 h 无关?

(参考答案:$h=d/\lambda$)

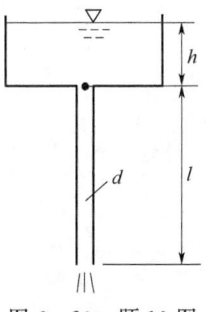

图 6-20 题 19 图

— 91 —

20. 用如图 6-21 所示装置测量油的动力黏度。已知管段长度 $l=3.6\text{m}$，管径 $d=0.015\text{m}$，油的密度 $\rho=850\text{kg/m}^3$，当流量为 $Q=3.5\times10^{-3}\text{m}^3/\text{s}$ 时，测压管液面高差 $\Delta h=27\text{mm}$，试求油的动力黏度 μ。

(参考答案：$\mu=2.2195\times10^{-4}\text{Pa}\cdot\text{s}$)

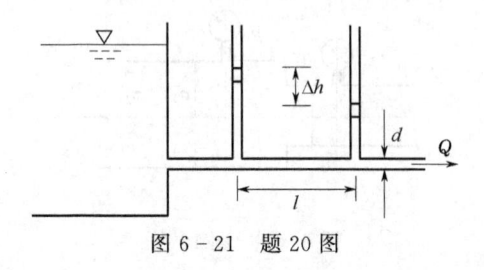

图 6-21　题 20 图

21. 如图 6-22 所示，密度 $\rho=920\text{kg/m}^3$ 的油在管中流动。用水银压差计测量长度 $l=3\text{m}$ 的管流压差，其读数为 $\Delta h=90\text{mm}$。已知管径 $d=25\text{mm}$，测得油的流量 $Q=4.5\times10^{-4}\text{m}^3/\text{s}$，试求油的运动黏度 ν。

(参考答案：$\nu=8.637\times10^{-5}\text{m}^2/\text{s}$)

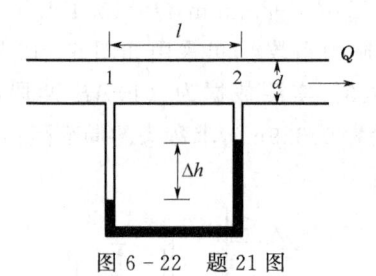

图 6-22　题 21 图

第七章 压力管路、孔口和管嘴出流

一、学习引导

(一)基本理论

1. 压力管路

液体充满整个过流断面,在一定的压差作用下流动的管路,称为压力管路,也称有压管路。

2. 无压流动

流动具有自由表面,如明渠流、非满管流与堰流等,由于自由表面上所受压强为大气压,相对值为零,故称为无压流。

3. 长管

局部水头损失和速度水头在能量方程中所占的比重较小,以致在计算中可以忽略不计的压力管路。

4. 短管

局部水头损失或速度水头在能量方程中所占的比重较大,以致在计算中不能忽略的压力管路。

5. 简单长管

所谓的简单长管是指液体从入口到出口均在同一等直径管道中流动,没有出现流体的分支或汇合的管路。其他的管路称为复杂管路,如串联管路、并联管路、分支管路和管网等。

6. 长管的能量方程

$$z_1 + \frac{p_1}{\rho g} = z_2 + \frac{p_2}{\rho g} + h_f$$

其中

$$h_f = 0.0826 \lambda \frac{Q^2 L}{D^5} \text{(通用公式)}$$

(1)层流:
$$h_f = 4.15 \frac{Q v L}{D^4}$$

(2)紊流光滑区:
$$h_f = 0.0246 \frac{Q^{1.75} v^{0.25} L}{D^{4.75}}$$

7. 串、并联管路

由不同直径的管段依序连接而成的管路称为串联管路。由一点分支,而又汇合于另一点的两条或两条以上的管路称为并联管路。

8. 短管的水力计算

$$Q = \mu_{管系} A_2 \sqrt{2gH}$$

式中,$\mu_{管系}$ 为管系流量系数;$\mu_{管系} = \dfrac{1}{\sqrt{1+\zeta_{管系}}}$。

9. 管路特性曲线

$$H = \alpha Q^2$$

以 Q 为横坐标,H 为纵坐标,可绘出管路特性曲线,它反映了流量与水头损失的关系。

10. 水击现象

由于某种原因使得管内液体流速突然变化,例如迅速开关阀门,突然停泵等,都会引起管内压力的突然变化,这种现象叫做水击现象。

11. 水击压力计算

阀门关闭很快,当压力波传递一个往返时间 $t_0 = 2l/c$ 之前已经把阀门全部关死的情况,称为直接水击。其水击压力计算公式为

$$\Delta p = \rho c v_0$$

如果关闭阀门的时间为 T_M,且 $T_M > t_0$,这种水击成为间接水击。间接水击的压强要比直接水击小,一般可用经验公式计算,即

$$\Delta p = \rho c v_0 \dfrac{t_0}{T_M}$$

12. 孔口自由出流和淹没出流

孔口出流于大气中时称为自由出流,出流于液体中时称为淹没出流。

13. 收缩系数

收缩系数 ε 是收缩断面面积 A_c 与孔口断面面积 A 的比值

$$\dfrac{A_c}{A} = \varepsilon$$

14. 流速系数

流速系数是实际流速和理想流速之比,即

$$\varphi = \dfrac{v_实}{v_理}$$

15. 流量系数

流量系数 μ 是实际流量 $Q_{实}$ 与理想流量 $Q_{理}$ 之比，即

$$\mu = \frac{Q_{实}}{Q_{理}}$$

16. 薄壁圆形小孔的稳定自由出流的水力计算

$$Q = \mu A \sqrt{2gH}$$

对薄壁圆形小孔口来说，实验表明，完善收缩时，$\varepsilon = 0.63 \sim 0.64$，$\varphi = 0.97 \sim 0.98$，$\mu = 0.6 \sim 0.62$，则孔口局部阻力系数，由 $\varphi = 1/\sqrt{1+\zeta_{孔}}$ 可知

$$\zeta_{孔} = \frac{1}{\varphi^2} - 1 = \frac{1}{0.97^2} - 1 = 0.06$$

17. 淹没出流的水力计算

$$Q = \mu A \sqrt{2gH}$$

式中，H 代表上、下游的液面差；$\varphi = \dfrac{1}{\sqrt{1+\zeta_{孔}}}$，分母中的数字"1"代表突然扩大的局部阻力系数。

18. 管嘴

在孔口上接一段长度 $L = (3 \sim 4)D$（D 为孔口直径）的短管，称为管嘴。

(二)重点与难点分析

1. 串、并联管路的特点

1）串联管路
(1) 各节点处，流进和流出的流量平衡，即

$$\sum Q_i = 0$$

(2) 全段的总水头损失为各段水头损失的总和，即

$$h_f = \sum h_{fi}$$

2）并联管路
(1) 各并联管内流量的总和等于自 A 点流入各管的总流量，即

$$Q = \sum Q_i$$

(2) 各并联管内的水头损失相等，即

$$h_f = h_{f1} = h_{f2} = \cdots = h_{fi}$$

2. 串、并联管路的应用

由于大管径管路上的水力坡度要比小管径的小，所以在长输管路上，常在某一区间加大管

径来降低水力坡度,以达到延长输送距离或加大输送量的目的。同样,铺设并联的附管也可以降低该段的水力坡度,以达到延长输送距离或加大输送量的目的。总之,使用部分加大串联管径或部分敷设并联副管的方法,都是为了降低水力坡度,达到增大流量或延长输送距离,以减少中间泵站的目的。

3. 管路特性曲线的用途

根据公式

$$H = \alpha Q^2$$

以 Q 为横坐标,H 为纵坐标,可绘出管路特性曲线,它反映了流量与水头损失的关系。管路特性曲线决定于流动状态,而流动状态又取决于流量。当流量较小时,管路处于层流,这时 H 与 Q 呈线性关系;当流量较大时,流动状态过渡到紊流,这时的管路特性曲线为曲线。管路特性曲线在设计装卸油管路及选泵时经常用到。

4. 管嘴出流与孔口出流流量比较

管嘴出流流量公式

$$Q = \mu A \sqrt{2gH}$$

因 $\varepsilon = 1$,故 $\varphi = \mu$。液体从圆柱形外管嘴出流时,其阻力损失类似于管道锐缘进口的阻力损失,因此 $\Sigma \zeta = \zeta_{进口} = 0.5$。于是

$$\mu = \varphi = \frac{1}{\sqrt{1 + \Sigma \zeta}} = \frac{1}{\sqrt{1 + 0.5}} = 0.82$$

由此,在同一作用水头 H 和同一出流断面积 A 的条件下,$\mu_{管嘴} = 0.82$,$\mu_{孔} = 0.62$,所以管嘴出流量大于孔口出流量。

5. 管嘴出流比孔口出流流量大的原因

由能量方程可知在管嘴出流时,收缩断面处的压力小于大气压力,即产生真空,其数值大小

$$h_{真空} = 0.74H$$

而孔口出流时收缩断面处的压力为大气压。由真空作用所产生的水头为 $0.74H$,这是个不小的数值,该数值远大于加装管嘴增加的液流阻力所引起的水头损失,因而在同样 H 和 A 的条件下,管嘴流量大于孔口流量。

6. 圆柱形外管嘴正常工作必须满足的两个条件

(1)最大真空度不能超过 7m,即 $H = 7/0.74 = 9.5\text{m}$;
(2)$l = (3 \sim 4)D$。

如果真空值过大,收缩断面处的压力过低,那么液体内将产生气泡,产生气化现象,同时外部空气也将经过管嘴进入真空区内。结果使管嘴内的水流脱离了壁面,而不再是满管嘴出流。这便与孔口出流情况相同,并不能达到增加流量的目的。

管嘴的长度一般以 $l = (3 \sim 4)D$ 为宜,太长则会使阻力增加,变成短管;太短,则液流尚未充满管嘴就已流出,或者真空区域太接近管嘴出口而被破坏。

二、习题详解

7-1 如图 7-1 所示为水泵抽水系统,已知 $l_1=20\text{m}, l_2=268\text{m}, d_1=0.25\text{m}, d_2=0.2\text{m}, \zeta_1=3, \zeta_2=0.2, \zeta_3=0.2, \zeta_4=0.5, \zeta_5=1, \lambda=0.03$,流量 $Q=4\times10^{-3}\text{m}^3/\text{s}$。求:(1)水泵所需水头;(2)绘制总水头线。

图 7-1 题 7-1 图

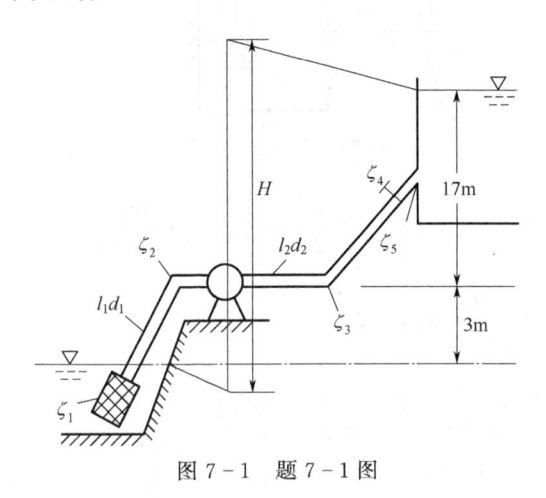

解:(1)列两自由液面的伯努利方程
$$H = 20 + h_{w_{1-2}}$$

其中,
$$v_1 = \frac{4Q}{\pi d_1^2} = \frac{4\times 4\times 10^{-3}}{3.14\times 0.25^2} = 0.082(\text{m/s})$$

$$v_2 = \frac{4Q}{\pi d_2^2} = \frac{4\times 4\times 10^{-3}}{3.14\times 0.2^2} = 0.127(\text{m/s})$$

$$h_{w_{1-2}} = h_{f1} + h_{f2} + h_{j1} + h_{j2} + h_{j3} + h_{j4} + h_{j5}$$

$$= \lambda \times \left(\frac{l_1}{d_1}\frac{v_1^2}{2g} + \frac{l_2}{d_2}\frac{v_2^2}{2g}\right) + (\zeta_1+\zeta_2)\times\frac{v_1^2}{2g} + (\zeta_3+\zeta_4+\zeta_5)\times\frac{v_2^2}{2g}$$

$$= 0.03\times\left(\frac{20}{0.25}\times\frac{0.082^2}{2\times 9.8} + \frac{268}{0.2}\times\frac{0.127^2}{2\times 9.8}\right) + (3+0.2)\times\frac{0.082^2}{2\times 9.8} + (0.2+0.5+1)\times\frac{0.127^2}{2\times 9.8}$$

$$= 0.036(\text{m})$$

解得
$$H = 20.036(\text{m})$$

7-2 用长为 50m 的自流管(钢管)将水自水池引至吸水井中(图 7-2),然后用水泵送至水塔。已知泵吸水管的直径为 200mm,长为 6m,泵的排水量为 $0.064\text{m}^3/\text{s}$,滤水网的局部阻力系数 $\zeta_1=\zeta_2=6$,弯头阻力系数,自流管和吸水管的局部阻力系数 $\zeta=0.03$。试求:(1)当水池水面与水井水面的高差 h 不超过 2m 时,自流管的直径 D 为多少?(2)当水泵的安装高度 H 为 2m 时,进口断面 A—A 的压力。

解:(1)列两自由液面的能量方程

图 7-2 题 7-2 图

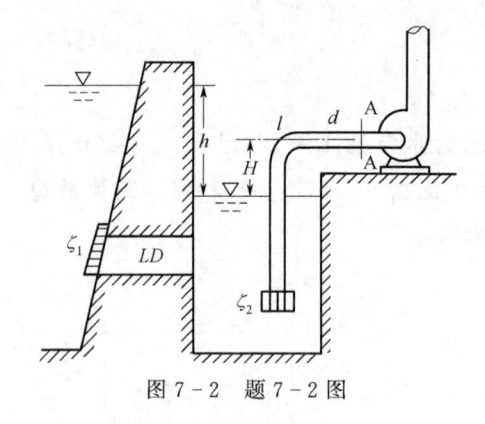

$$h=(\zeta_1+\zeta)\frac{v^2}{2g}=(\zeta_1+\zeta)\frac{8Q^2}{g\pi^2 D^4}$$

则
$$D=\left[\frac{8Q^2}{\pi^2 gh}(\zeta_1+\zeta)\right]^{\frac{1}{4}}$$
$$=\left[\frac{8\times 0.064^2}{3.14^2\times 9.8\times 2}(6+0.03)\right]^{\frac{1}{4}}$$
$$=0.179(\mathrm{m})$$

（2）列水井自由液面和 A—A 断面的伯努利方程，则

$$0=H+\frac{p_1}{\rho g}+(\zeta_2+2\zeta)\frac{v_1^2}{2g}$$

得
$$p_1=-\left[H+(1+\zeta_2+2\zeta)\frac{8Q^2}{g\pi^2 d^4}\right]\rho g$$
$$=-\left[2+(1+6+2\times 0.03)\frac{8\times 0.064^2}{9.8\times 3.14^2\times 0.2^4}\right]\times 9800$$
$$=-34.265(\mathrm{kPa})$$

7-3 如图 7-3 所示，水箱泄水管由两段管子串联而成，直径 $d_1=150\mathrm{mm}$，$d_2=75\mathrm{mm}$，管长 $l_1=l_2=50\mathrm{m}$，管壁粗糙度 $\Delta=0.6\mathrm{mm}$，水温 20℃，出口速度 $v_2=2\mathrm{m/s}$，求水箱水头高度 H，并绘制水头线图。

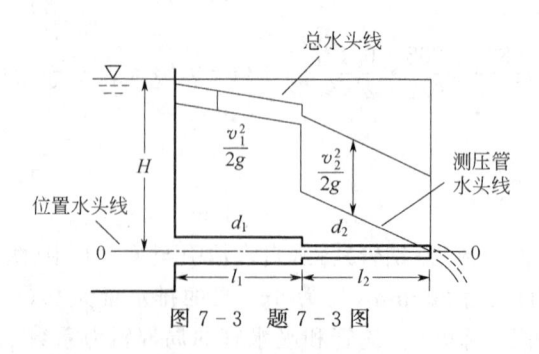

图 7-3 题 7-3 图

解：查表可知，20℃时水的运动黏度 $\nu=1.007\times 10^{-6}\mathrm{m}^2/\mathrm{s}$
由连续性方程

$$v_1 = v_2 \frac{d_2^2}{d_1^2} = 2 \times \frac{0.075^2}{0.15^2} = 0.5 (\text{m/s})$$

各管段雷诺数

$$Re_1 = \frac{v_1 d_1}{\upsilon} = \frac{0.5 \times 0.15}{1.007 \times 10^{-6}} = 74479, Re_2 = \frac{v_2 d_2}{\upsilon} = \frac{2 \times 0.075}{1.007 \times 10^{-6}} = 148957$$

各管段相对粗糙度

$$\frac{\Delta}{d_1} = \frac{0.6}{150} = 0.004$$

$$\frac{\Delta}{d_2} = \frac{0.6}{75} = 0.008$$

查莫迪图可知 $\lambda_1 = 0.028, \lambda_2 = 0.034$。

列自由液面和出口的伯努利方程,则

$$\begin{aligned}
H &= \frac{v_2^2}{2g} + h_f + h_j \\
&= \frac{v_2^2}{2g} + \lambda_1 \frac{l_1}{d_1} \frac{v_1^2}{2g} + \lambda_2 \frac{l_2}{d_2} \frac{v_2^2}{2g} + 0.5 \frac{v_1^2}{2g} + 0.5 \left(1 - \frac{A_2}{A_1}\right) \frac{v_2^2}{2g} \\
&= \frac{2^2}{2 \times 9.8} + 0.028 \times \frac{50}{0.15} \times \frac{0.5^2}{2 \times 9.8} + 0.034 \times \frac{50}{0.075} \times \frac{2^2}{2 \times 9.8} + 0.5 \frac{0.5^2}{2 \times 9.8} \\
&\quad + 0.5 \left(1 - \frac{0.075^2}{0.15^2}\right) \times \frac{2^2}{2 \times 9.8} \\
&= 5.03 (\text{m})
\end{aligned}$$

7-4 如图 7-4 所示,往车间送水的输水管段路由两管段串联而成,第一管段的管径 $d_1 = 150$mm,长度 $L_1 = 800$m,第二管段的直径 $d_2 = 125$mm,长度 $L_2 = 600$m,管壁的粗糙度 $\Delta = 0.5$mm,压力水塔具有的水头高度 $H = 20$m,局部阻力忽略不计,求出阀门全开时最大可能流量 Q。($\lambda_1 = 0.029, \lambda_2 = 0.027$)

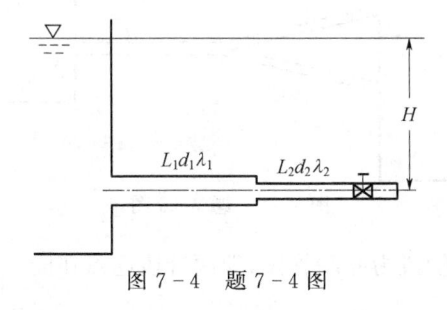

图 7-4 题 7-4 图

解:列自由液面和出口断面的伯努利方程

$$H = \frac{8Q^2}{g \pi^2 d_2^4} + 0.0826 \lambda_1 \frac{Q^2 L_1}{d_1^5} + 0.0826 \lambda_2 \frac{Q^2 L_2}{d_2^5}$$

$$20 = \frac{8 \times Q^2}{9.8 \times 3.14 \times 0.125^4} + 0.0826 \times 0.029 \times \frac{Q^2 \times 800}{0.15^5} + 0.0826 \times 0.027 \times \frac{Q^2 \times 600}{0.125^5}$$

解得流量

$$Q = 0.017 (\text{m}^3/\text{s})$$

7-5 有一中等直径钢管并联管路(图 7-5),流过的总水量 $Q=0.08\text{m}^3/\text{s}$,钢管的直径 $d_1=100\text{mm}, d_2=200\text{mm}$,长度 $L_1=500\text{m}, L_2=1000\text{m}$。求并联管中的流量 Q_1、Q_2 及 A、B 两点间的水头损失(设并联管路沿程阻力系数均为 $\lambda=0.039$)。

解:由并联管路的特点 $h_{f1}=h_{f2}$,有

$$0.0826\lambda_1 \frac{Q_1^2 L_1}{d_1^5} = 0.0826\lambda_2 \frac{Q_2^2 L_2}{d_2^5}$$

$$\frac{Q_1^2 \times 500}{0.1^5} = \frac{Q_2^2 \times 1000}{0.2^5}$$

又有

$$Q_1 + Q_2 = Q = 0.08$$

得

$$Q_1 = 0.016(\text{m}^3/\text{s}), Q_2 = 0.064(\text{m}^3/\text{s})$$

则 A、B 两点间的水头损失为

$$h_{f_{A-B}} = h_{f1} = 0.0826\lambda_1 \frac{Q_1^2 L_1}{d_1^5} = 0.0826 \times 0.039 \times \frac{0.016^2 \times 500}{0.1^5} = 41.23(\text{m})$$

图 7-5 题 7-5 图

7-6 有 A、B 两水池,其间用旧钢管连接,如图 7-6 所示。已知各管长 $L_1=L_2=L_3=1000\text{m}$,直径 $d_1=d_2=d_3=40\text{cm}$,沿程阻力系数均为 $\lambda=0.012$,两水池高差 $\Delta z=12.5\text{m}$,求 A 池流入 B 池的流量为多少?

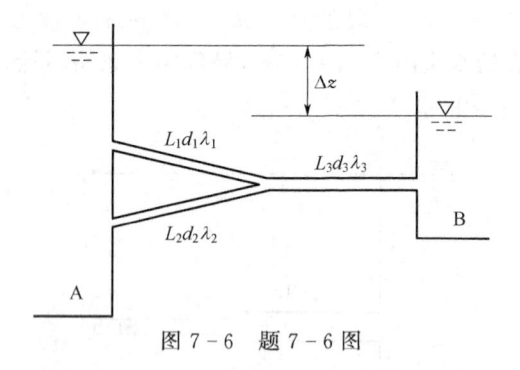

图 7-6 题 7-6 图

解:这里 L_1 管段和 L_2 管段为并联管段,即两管段起点在同一水平面上,有

$$h_{f1} = h_{f2}$$

由于三段管管长、管径和沿程阻力系数均相等,设所求流量为 Q,则 $Q_1=Q_2=0.5Q$,列两自由液面的伯努利方程

$$\Delta z = h_{f1} + h_{f3} = 0.0826\lambda \left[\frac{\left(\frac{Q}{2}\right)^2 L_1}{d_1^5} + \frac{Q^2 L_3}{d_3^5} \right]$$

$$12.5 = 0.0826 \times 0.012 \times \left[\frac{\left(\frac{Q}{2}\right)^2 \times 1000}{0.4^5} + \frac{Q^2 \times 1000}{0.4^5} \right]$$

得
$$Q = 0.321 (\text{m}^3/\text{s})$$

7-7 图7-7所示水平输液系统(A、B、C、D在同一水平面上),终点均通大气。被输液体相对密度$\delta=0.9$,输送量为200t/h。设管径,管长,沿程阻力系数分别如下:$L_1=1\text{km}$,$L_2=L_3=4\text{km}$;$D_1=200\text{mm}$,$D_2=D_3=150\text{mm}$;$\lambda_1=0.025$,$\lambda_2=\lambda_3=0.030$。

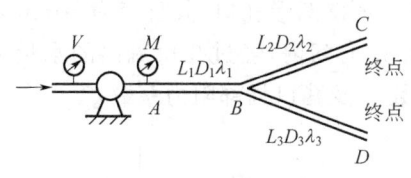

图7-7 题7-7图

求:(1)各管流量及沿程水头损失;

(2)若泵前真空表读数为450mm汞柱,则泵的扬程为多少?(按长管计算)。

解:(1)因终点均通大气,故$B—C$和$B—D$为并联管路,又因$D_2=D_3$,则

$$Q_2 = Q_3 = \frac{1}{2}Q_1 = \frac{1}{2} \times \frac{200 \times 10^3}{900 \times 3600} = 0.031(\text{m}^3/\text{s})$$

$$h_{f1} = 0.0826\lambda_1 \frac{Q_1^2 L_1}{d_1^5} = 0.0826 \times 0.025 \times \frac{0.062^2 \times 1000}{0.2^5} = 24.81(\text{m})$$

$$h_{f2} = h_{f3} = 0.0826 \times 0.03 \times \frac{0.031^2 \times 4000}{0.15^5} = 125.44(\text{m})$$

(2)列真空表所在断面和C点所在断面的伯努利方程,按长管计算可忽略速度水头损失和局部水头损失,则

$$\frac{p}{\rho g} + H = h_{f1} + h_{f3}$$

解得

$$H = \frac{450}{760} \times \frac{10.34}{0.9} + 24.81 + 125.44 = 157.1(\text{m})$$

7-8 已知图7-8所示的输水管路中$Q_0=0.1\text{m}^3/\text{s}$,$D_1=0.25\text{m}$,$L_1=1200\text{m}$,$\lambda_1=0.025$,$D_2=0.3\text{m}$,$L_2=800\text{m}$,$\lambda_2=0.024$,$D_3=0.2\text{m}$,$L_3=200\text{m}$,$\lambda_3=0.025$。试求$Q_1$、$Q_2$及$AB$间的水头损失。

图7-8 题7-8图

解:管段2与管段3串联,然后与管段1并联,所以

$$h_{f1} = h_{f2} + h_{f3}$$

$$0.0826\lambda_1 \frac{Q_1^2 l_1}{d_1^5} = 0.0826\lambda_2 \frac{Q_2^2 l_2}{d_2^5} + 0.0826\lambda_3 \frac{Q_3^2 l_3}{d_3^5}$$

— 101 —

同时 $$Q_0=Q_1+Q_2, Q_2=Q_3,$$
带入数据联立求解得 $Q_2=1.14Q_1$，$Q_1=0.0467\text{m}^3$，$Q_2=Q_3=0.0533(\text{m}^3)$

AB 间的水头损失为

$$h_f=h_{f1}=0.0826\lambda_1\frac{Q_1^2 l_1}{d_1^5}=0.0826\times0.025\times\frac{0.0467^2\times1200}{0.25^5}=5.53(\text{m})$$

7-9 如图 7-9 所示，有一薄壁圆形孔口，其直径为 10mm，水头为 2m，现测得过流收缩断面的直径 d_c 为 8mm，在 32.8s 时间内，经过孔口流出的水量为 0.01m³。试求该孔口的收缩系数 ε、流量系数 μ、流速系数 φ 及孔口局部阻力系数 ζ。

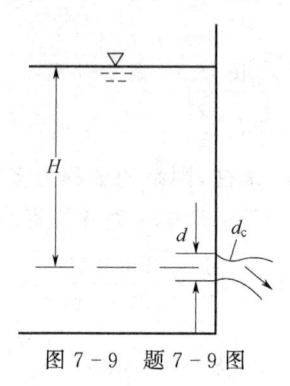

图 7-9 题 7-9 图

解：孔口的收缩系数

$$\varepsilon=\frac{A_c}{A}=\frac{d_c^2}{d^2}=\frac{8^2}{10^2}=0.64$$

由 $$Q=\mu A\sqrt{2gH}$$

得 $$\mu=\frac{Q}{A\sqrt{2gH}}=\frac{0.0003}{\frac{3.14\times0.01^2}{4}\times\sqrt{2\times9.8\times2}}=0.62$$

又由 $$\mu=\varepsilon\varphi$$

得 $$\varphi=\frac{\mu}{\varepsilon}=\frac{0.62}{0.64}=0.97$$

其中，流速系数 $\varphi=1/\sqrt{(1+\zeta_{孔})}$，则得

$$\zeta_{孔}=\frac{1}{\varphi^2}-1=\frac{1}{0.97^2}-1=0.06$$

7-10 如图 7-10 所示一储水罐，在储水罐的铅直侧壁有面积相同的两个圆形小孔 A 和 B，位于距底部不同的高度上。孔口 A 为薄壁孔口，孔口 B 为圆边孔口，其水面高度 $H_0=10\text{m}$。问：(1)通过 A、B 两孔口的流量相同时，H_1 与 H_2 应成何种关系？(2)如果由于腐蚀，在罐壁上形成一直径 $d=0.0015\text{m}$ 的小孔 C，C 距槽底 $H_3=5\text{m}$，求一昼夜通过 C 的漏水量。

解：(1) $$Q_A=\mu_A A_A\sqrt{2g(H_0-H_1)}$$
$$Q_B=\mu_B A_B\sqrt{2g(H_0-H_2)}$$
$$Q_A=Q_B, A_A=A_B$$
$$\mu_A\sqrt{2g(H_0-H_1)}=\mu_B\sqrt{2g(H_0-H_2)}$$

图 7-10 题 7-10 图

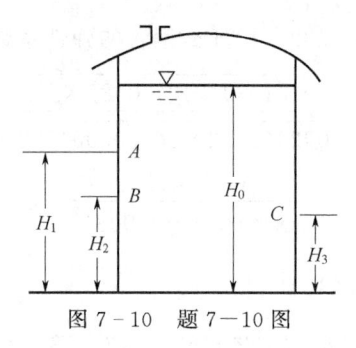

整理上式得

$$H_1 = H_0 - (H_0 - H_2)\frac{\mu_B^2}{\mu_A^2}$$

(2) $Q = \mu_C \frac{\pi}{4}d^2\sqrt{2g(H_0-H_3)} = 0.62 \times (3.14/4) \times (0.0015)^2 \times (2 \times 9.8 \times 5)^{\frac{1}{2}}$

$= 0.00001084 (\text{m}^3/\text{s})$

故一昼夜内的漏水量为:$0.00001084 \times 24 \times 3600 = 0.937(\text{m}^3)$

7-11 如图 7-11 所示,两水箱用一直径 $d_1 = 40\text{mm}$ 的薄壁孔连通,下水箱底部又接一直径 $d_2 = 30\text{mm}$ 的圆柱形管嘴,长 $l = 100\text{mm}$,若上游水深 $H_1 = 3\text{m}$ 保持恒定,求流动恒定后的流量和下游水深 H_2。

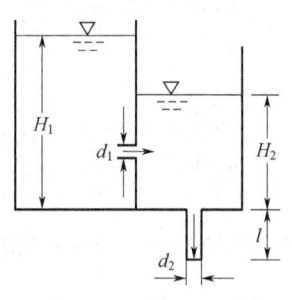

图 7-11 题 7-11 图

解:此题即为淹没出流和管嘴出流的叠加,当流动恒定后,淹没出流的流量等于管嘴出流的流量。

淹没出流流量公式和管嘴出流流量公式

$$Q_1 = 0.62 A_1 \sqrt{2g(H_1 - H_2)}$$
$$Q_2 = 0.82 A_2 \sqrt{2g(H_2 + l)}$$

由 $Q_1 = Q_2$,即

$$0.62 A_1 \sqrt{2g(H_1-H_2)} = 0.82 A_2 \sqrt{2g(H_2+l)}$$
$$0.62 \times 0.04^2 \times \sqrt{3-H_2} = 0.82 \times 0.03^2 \times \sqrt{H_2+0.1}$$

解得

$$H_2 = 1.895(\text{m}), Q_2 = 0.0036(\text{m}^3/\text{s})$$

7-12 输油钢管直径(外径)为 100mm,(壁厚为 4mm)输送相对密度 0.85 的原油,输送量为 15L/s,管长为 2000m,如果关死管路阀门的时间为 2.2s,问水击压力为多少?若关死阀门的时间延长为 20s,问水击压力为多少?

— 103 —

解：(1)石油的弹性系数 $E=1.32\times10^9$Pa，钢管的弹性系数 $E_0=2.06\times10^{11}$Pa

$$c=\frac{\sqrt{E/\rho}}{\sqrt{1+DE/eE_0}}=\frac{\sqrt{1.32\times10^9/0.85\times10^3}}{\sqrt{1+0.092\times1.32\times10^9/0.004\times2.06\times10^{11}}}=1163.4(\text{m/s})$$

$$v_0=\frac{4Q}{\pi D^2}=\frac{4\times0.015}{3.14\times(0.1-0.008)^2}=2.258(\text{m/s})$$

因为 $2.2<t_0=\dfrac{2L}{c}=\dfrac{4000}{1163.4}=3.44(\text{s})$

故 $\Delta p=\rho c v_0=0.85\times10^3\times1163.4\times2.258=2232.914(\text{kPa})$

(2)因为 $T_M=20>t_0=3.44$，故由经验公式

$$\Delta p=\rho c v_0\frac{t_0}{T_M}=2232.914\times\frac{3.44}{20}=384.06(\text{kPa})$$

7-13 相对密度 0.856 的原油，沿内径 305mm，壁厚 10mm 的钢管输送。输量 300t/h。钢管弹性系数为 2.06×10^{11}Pa；原油弹性系数为 1.32×10^9Pa。试计算原油中的声速和最大水击压力。

解：(1)原油中的声速

$$c=\frac{\sqrt{\dfrac{E}{\rho}}}{\sqrt{1+\dfrac{DE}{eE_0}}}=\frac{\sqrt{\dfrac{1.32\times10^9}{0.856\times10^3}}}{\sqrt{1+\dfrac{0.305\times1.32\times10^9}{0.01\times2.06\times10^{11}}}}=1135.76(\text{m/s})$$

$$v_0=\frac{4Q}{\pi D^2}=\frac{4\times\dfrac{300}{3600\times0.856}}{3.14\times0.305^2}=1.333(\text{m/s})$$

最大水击压力

$$\Delta p=\rho c v_0=0.856\times10^3\times1135.76\times1.333=1295.96(\text{kPa})$$

三、思考题与计算题

(一)思考题

1. 何谓压力管路？什么是无压流？
2. 长管和短管如何区别？
3. 何谓简单长管和复杂管路？
4. 如何计算长管的能量损失？
5. 什么是串联管路和并联管路，各有何特点，有何应用？
6. 分支管路应如何进行水力计算？
7. 什么是管路特性曲线，有何应用？
8. 管路中的水击现象是如何产生的？问题的实质是什么？有哪些种类？怎样计算水击压力的大小？
9. 何谓孔口自由出流和淹没出流？

10. 收缩系数、流速系数和流量系数的物理意义各如何？三者的关系怎样？

11. 薄壁圆形小孔的稳定自由出流的水力计算和淹没出流的水力计算有何区别？

12. 在同一作用水头 H 和同一出流断面积 A 的条件下，管嘴出流较孔口出流流量比较哪个大，原因如何？

13. 圆柱形外管嘴的正常工作必须满足的两个条件是什么？

(二) 计算题

1. 有一薄壁圆形孔口，直径 $d=10\text{mm}$，水头 $H=2\text{m}$。现测得射流收缩断面的直径 $d_c=8\text{mm}$，在 32.8s 时间内，经孔口流出的水量为 0.01m^3，试求该孔口的收缩系数 ε、流量系数 μ、流速系数 φ 及孔口局部损失系数 ζ。

(参考答案：$\varepsilon=0.64, \mu=0.62, \varphi=0.97, \zeta=0.06$)

2. 薄壁孔口出流，直径 $d=2\text{cm}$，水箱水位恒定 $H=2\text{m}$，如图 7-12 所示。试求：(1) 孔口流量 Q；(2) 此孔口外表圆柱形管嘴的流量 Q_n；(3) 管嘴收缩断面的真空。

(参考答案：(1) $Q=0.0012\text{m}^3/\text{s}$；(2) $Q_n=0.0016\text{m}^3/\text{s}$；(3) $p_v=5838.8\text{Pa}$)

图 7-12 题 2 图

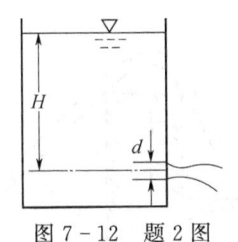

3. 有一平底空船，如图 7-13 所示其水平面积 Ω 为 8m^2，船舷高 h 为 0.5m，船自重 G 为 9.8kN。现船底破一直径为 10cm 的圆孔，水自圆孔漏入船中，试问经过多长时间后船将沉没。

(参考答案：$T=257\text{s}$)

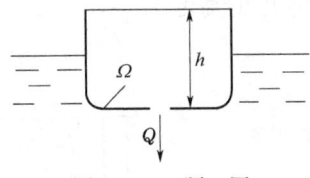

图 7-13 题 3 图

4. 如图 7-14 所示沉淀池长 l 为 10m，宽 B 为 4m，孔口形心处水深 H 为 2.8m，孔口直径 d 为 300mm，试问放空（水面降至孔口处）所需时间。

(参考答案：$T=690\text{s}$)

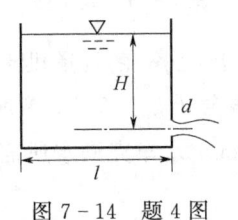

图 7-14 题 4 图

5. 如图 7-15 所示，油槽车的油槽长度为 l，直径为 D，油槽底部设有卸油口，孔口面积为 A，流量系数为 μ，试求该车充满油后所需的卸油时间。

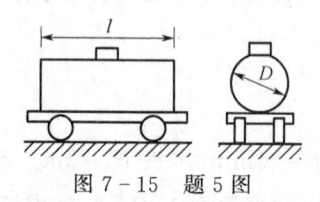

$$\left(\text{参考答案}: T = \frac{4l}{3\mu A\sqrt{2g}}D^{\frac{3}{2}}\right)$$

图 7-15 题 5 图

6. 虹吸管将 A 池中的水输入 B 池，如图 7-16 所示。已知长度 $l_1=3\text{m}$，$l_2=5\text{m}$，直径 $d=75\text{mm}$，两池水面高差 $H=2\text{m}$，最大超高 $h=1.8\text{m}$，沿程阻力系数 $\lambda=0.02$，局部阻力系数：进口 $\zeta_a=0.5$，转弯 $\zeta_b=0.2$，出口 $\zeta_c=1$。试求流量及管道最大超高断面的真空度。

(参考答案：$Q=0.014\text{ m}^3/\text{s}$；$p_v=3.05\times10^4\text{Pa}$)

图 7-16 题 6 图

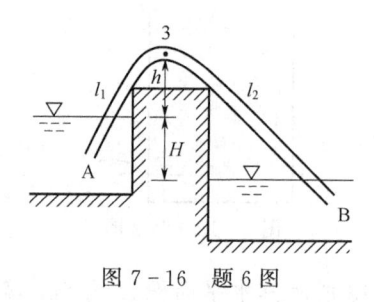

7. 自然排烟锅炉如图 7-17 所示。烟囱直径 $d=0.9\text{m}$，烟气流量 $Q=7.0\text{m}^3/\text{s}$，烟气密度 $\rho=0.7\text{kg/m}^3$，外部空气密度 $\rho_a=1.2\text{kg/m}^3$，烟囱的沿程阻力系数 $\lambda=0.035$，为使底部空气真空度不小于 10mm 水柱，试求烟囱的高度 H。

(参考答案：$H=30.1\text{m}$)

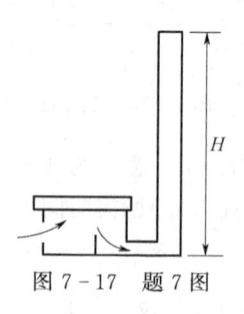

图 7-17 题 7 图

8. 水车由一直径 $d=150\text{mm}$，长 $l=80\text{m}$ 的管道供水，如图 7-18 所示。该管道中共有两个闸阀和 4 个 90°弯头（$\lambda=0.03$，闸阀全开 $\zeta_a=0.12$，弯头 $\zeta_b=0.18$）。已知水车的有效容积 V 为 25m^3，水塔具有水头 $H=18\text{m}$，试求水车充满水所需的最短时间。

(参考答案：321s)

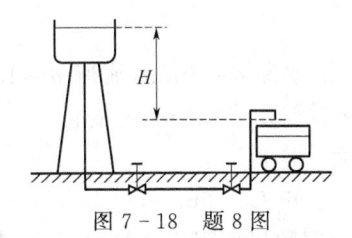

图 7-18 题 8 图

9. 自密闭容器经两段串联管道输水,如图 7-19 所示。已知压力表读值 $p_M=1\text{atm}$,水头 $H=2\text{m}$,管长 $l_1=10\text{m}$,$l_2=10\text{m}$,直径 $d_1=100\text{mm}$,$d_2=200\text{mm}$,沿程阻力系数 $\lambda_1=\lambda_2=0.03$,试求流量并绘出总水头线和测压管水头线。

(参考答案:$Q=0.069 \text{ m}^3/\text{s}$)

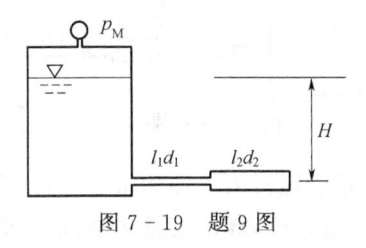

图 7-19 题 9 图

10. 水从密闭水箱沿垂直管道进入高位水池中,如图 7-20 所示。已知管道直径 $d=25\text{mm}$,管长 $l=3\text{m}$,水深 $h=0.5\text{m}$,流量 $Q=1.5\text{L/s}$,沿程阻力系数 $\lambda=0.033$,局部阻力系数:阀门 $\zeta_a=9.3$,入口 $\zeta_e=1$,试求密闭容器上压力表读值 p_M,并绘总水头线和测压管水头线。

(参考答案:$p_M=10^5\text{Pa}$)

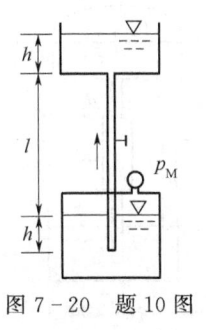

图 7-20 题 10 图

11. 在长为 $2l$,直径为 d 的管道上,并联一根直径相同,长为 l 的支管,如图 7-21 所示。若水头 H 不变,不计局部水头损失,试求并联支管前后的流量比。

(参考答案:0.79)

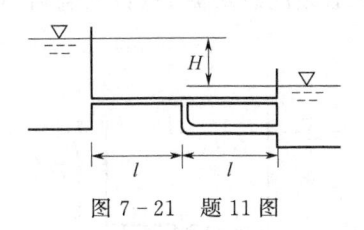

图 7-21 题 11 图

12. 电厂引水钢管直径 $d=180\text{mm}$,壁厚 $\delta=10\text{mm}$,流速 $v=2\text{m/s}$,阀门前压强为 $1\times10^6\text{Pa}$。当阀门突然关闭时,管壁中的应力比原来增加多少倍。

(参考答案：1.002倍)

13. 输水钢管直径 $d=100\text{mm}$，壁厚 $\delta=7\text{mm}$，流速 $v=1.2\text{m/s}$，试求阀门突然完全关闭时的水击压强，又如该管道改用铸铁管水击压强有何变化。

(参考答案：1559.58kPa；变大)

14. 如图 7-22 所示的管路，已知 $l_1=6\text{m}$，$l_2=4\text{m}$，$l_3=10\text{m}$，$d_1=50\text{mm}$，$d_2=70\text{mm}$，$d_3=50\text{mm}$，$H=16\text{m}$，$\lambda=0.03$，阀门的局部阻力系数 $\zeta_4=4$，考虑面积突变的局部水头损失，试求流量 Q。

(参考答案：$8.687\times10^{-3}\text{m}^3/\text{s}$)

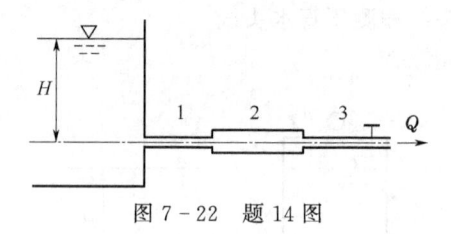

图 7-22 题 14 图

15. 水由封闭容器沿垂直变径管道流入下面的水池，容器内 $p_0=20\text{kPa}$ 且液面保持不变，如图 7-23 所示。若 $d_1=50\text{mm}$，$d_2=75\text{mm}$，容器内液面与水池液面的高差 $H=1\text{m}$（只计局部水头损失）。

求：(1) 管道的流量 Q；
(2) 距水池液面 $h=0.5\text{m}$ 处的管道内 B 点压强 p_B 等于多少？

(参考答案：(1) $Q=0.0105\text{m}^3/\text{s}$，(2) $p_B=10.57\text{kPa}$)

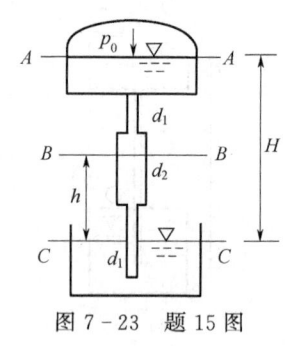

图 7-23 题 15 图

16. 容器用两段新的低碳钢管连接起来，如图 7-24 所示。已知 $d_1=20\text{cm}$，$l_1=30\text{cm}$，$\lambda_1=0.017$，$d_2=30\text{cm}$，$l_2=30\text{cm}$，$\lambda_2=0.017$，管 1 为锐缘入口，管 2 上的阀门的阻力系数 $\zeta=3.5$。当流量 $Q=0.2\text{m}^3/\text{s}$ 时，求必须的总水头 H（设水温为 20℃）。

(参考答案：$H=10.1\text{m}$)

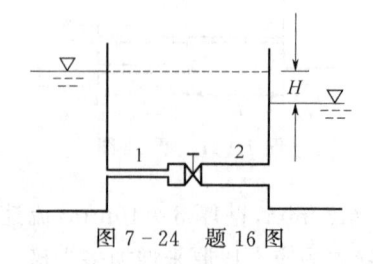

图 7-24 题 16 图

17. 一直径 $d=0.1$m 的水平管从水箱引水,如图 7-25 所示。如管长 $L=50$m,$H=4$m,进口阻力系数 $\zeta_1=0.5$,阀门阻力系数 $\zeta_2=2.5$,$\Delta h=4$cm,试求通过水管的流量 Q。

(参考答案:$Q=0.021\text{m}^3/\text{s}$)

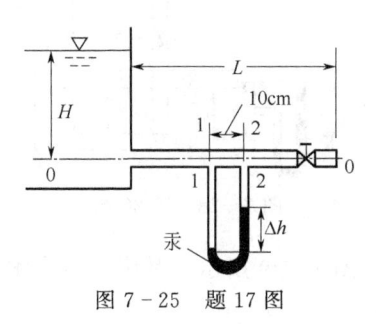

图 7-25 题 17 图

18. 如图 7-26 所示,水在管路中流动,设管径 $d=75$mm,管长 $l=3$m,沿程阻力系数 $\lambda=0.02$,流速 $v=4.5$m/s,求压差计的读数 Δh 的值及方向。

(参考答案:$\Delta h=6.56$cm,右侧高于左侧)

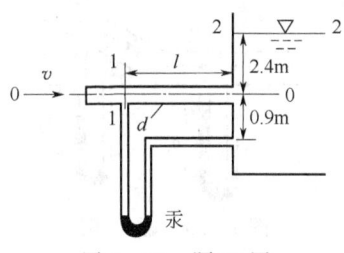

图 7-26 题 18 图

19. 如图 7-27 所示,一水平管路恒定流,水箱水头高度为 H,已知管径 $d=10$cm,管长 $L=15$m,进口局部阻力系数 $\zeta=0.5$,沿程阻力系数 $\lambda=0.022$,在离出口 10m 处安装测压管,测得水头 $h=2$m,今在管道出口处加上直径为 5cm 的管嘴,设管嘴的水头损失忽略不计,问此时的测压管水头 h 变化多少?

(参考答案:$\Delta h=1.79$m)

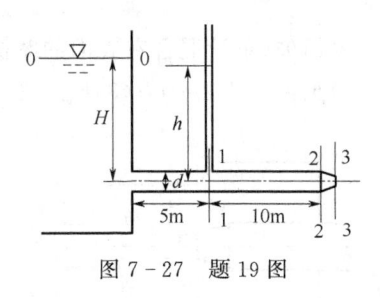

图 7-27 题 19 图

20. 如图 7-28 所示,连接两大水箱的竖直管路系统。已知:$d=30$mm,$L=3$m,$h=0.6$m,$h_1=0.3$m,$h_2=0.5$m,$\zeta_{阀}=2$,$\zeta_{进口}=0.8$,$\zeta_{出口}=1$,$\lambda=0.03$,试求:(1)流动方向;(2)流量;(3)阀门关闭时,阀门所受的总压力。

[参考答案:(1)由下向上;(2)$Q=0.71\times10^{-3}\text{m}^3/\text{s}$;(3)$P=3.46$N(向上)]

109

图 7-28 题 20 图

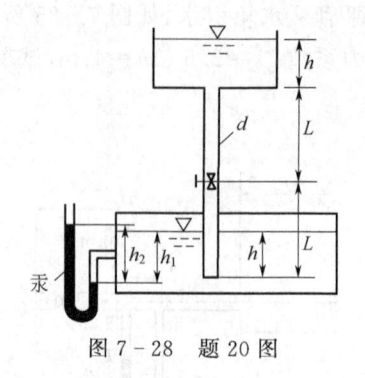

21. 今有直径不变的管路如图 7-29 所示。其中一段为水平管,一段为倾斜管。已知 1—2,3—4 间的管距 l 相同。试问:

(1)用 U 形管压差计所得的读数 h_1 和 h_2 是否相等?

(2)各段的压差 p_1-p_2 和 p_3-p_4 是否相等?

(参考答案:(1)相等;(2)$p_3-p_4 > p_1-p_2$)

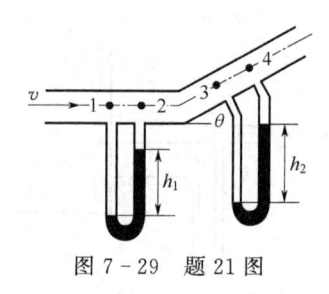

图 7-29 题 21 图

22. 有一水平放置的射流泵如图 7-30 所示,高速液体从中心流道中以 v_1 的速度喷出,带动周围流道液体以 v_2 速度流出。两股液流在等直径的混合室中混合后到出口,$A_{出}$ 速度变为均匀的 $v_{出}$。

已知:(1)两股液流为同一种液体,密度为 ρ;(2)1—1 断面压强为均匀,出口为大气压;(3)$v_1=10v$,$v_2=v$,$A_1=A$,$A_{出}=10A$,试求:

(1)$v_{出}$;

(2)1—1 断面出的压强 p_1;

(3)从 1—1 断面到出口的功率损失(不计混合室表面的摩擦损失)。

(参考答案:(1)$v_{出}=1.9v$;(2)$p_1=-7.29\rho v^2$;(3)$h_w=331.70\rho Av^2$)

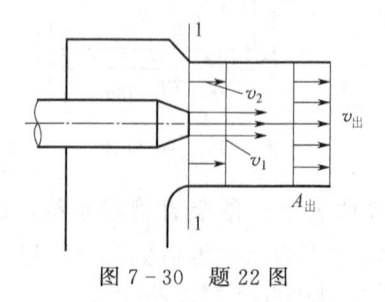

图 7-30 题 22 图

23. 今有从 A 点到 B 点 50km 长距离管路,如图 7-31 所示。若用管径 $d=250$mm 的管子,每年可以输送石油 $17×10^5$t,石油相对密度为 0.86,运动黏度为 $0.3×10^{-4}$m^2/s。为了使输送量增加到每年 $23×10^5$t,决定敷设直径为 300mm 的副管(并联管路),确定副管的长度。

(参考答案: $x=25.04$km)

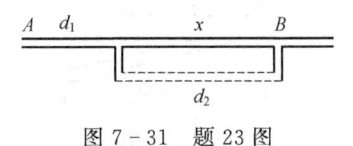

图 7-31 题 23 图

24. 如图 7-32 所示,两水库水面的高程差 $H=25$m,用直径 $d_1=d_2=300$mm,长 $l_1=400$mm,$l_2=300$mm 的串联管路相接通,$\lambda=0.03$,不计局部阻力,求流量。若增设管段 $d_3=400$mm,$l_3=300$mm 与管段 2 并联,问流量可增加为多少?

(参考答案:(1)$Q=0.187$m^3/s;(2)$Q_1=0.238$m^3/s)

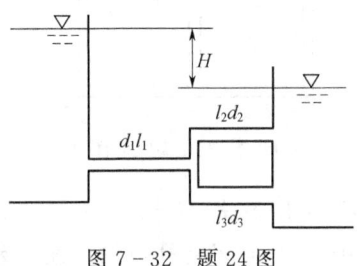

图 7-32 题 24 图

25. 图 7-33 所示为一管路系统,当 A、B 两点压头分别为 3.05m 和 90m,水泵 AB 加入系统的功率为 74.6kW。管路:$d_1=203$mm,$l_1=1829$m,$\lambda_1=0.029$,$d_2=153$mm,$l_2=1524$m,$\lambda_2=0.02$,$d_3=254$mm,$l_3=1220$m,$\lambda_3=0.014$。试确定蓄水池 D 的高度能保持为多少?

(参考答案:$H_D=49.84$m)

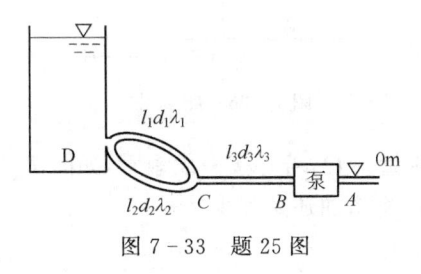

图 7-33 题 25 图

26. 图 7-34 所示一管路,CD 管中的水由 A,B 两水池联合供应,已知 $l_1=500$m,$l_0=500$m,$l_2=300$m,$d_1=0.2$m,$d_0=0.25$m,各管段的沿程阻力系数为 $\lambda_1=0.029$,$\lambda_2=0.026$,$\lambda_0=0.025$,$Q_0=100$L/s。求流量 Q_1,Q_2 及管径 d_2。

(参考答案:$Q_1=34.3$L/s,$Q_2=65.7$L/s,$d_2=0.242$m)

27. 水塔向 C,D 两处供水,如图 7-35 所示。水头 $H=20$m,管长 $l_{AB}=50$m,$l_{BC}=10$m,$l_{BD}=30$m,直径均为 40mm,阻力系数 λ 均为 0.04,不计局部阻力,求流量 Q_C 和 Q_D。

(参考答案:$Q_C=0.00215$m^3/s,$Q_D=0.00124$m^3/s)

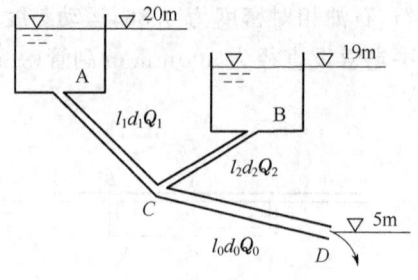

图 7-34 题 26 图

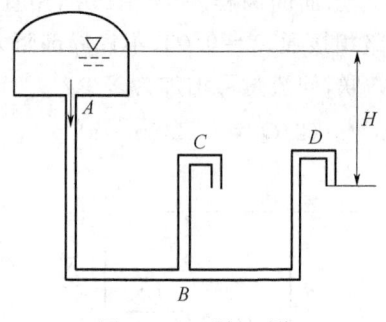

图 7-35 题 27 图

28. 如图 7-36 所示的薄壁孔口出流,若 $H=2\text{m}$,$Z=4\text{m}$,$d=10\text{mm}$,在 $Q=0.305\text{L/s}$ 时测得 $x=5.5\text{m}$,不计射流在空气中的阻力,求此孔口的流速系数 φ,流量系数 μ,收缩系数 ε,局部阻力系数 ζ 值。

(参考答案:$\varphi=0.97$,$\mu=0.62$,$\varepsilon=0.64$,$\zeta=0.062$)

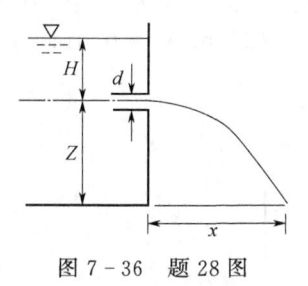

图 7-36 题 28 图

29. 薄壁孔口直径为 d,流量为 Q,若外接一段短管,如图 7-37 所示。沿程阻力系数 $\lambda=0.02$,短管长度 $l=6d$,问:流量将增加还是减少?

(参考答案:增加,1.268 倍)

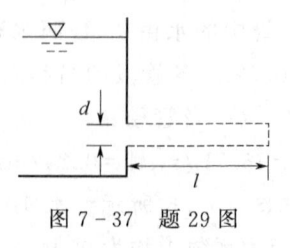

图 7-37 题 29 图

30. 水箱下部开孔面积为 A_0,箱中恒定水位高度为 h,水箱断面甚大,其中流速可以忽

— 112 —

略,如图 7-38 所示,求有孔口流出的水流断面 A 与其位置 x 的关系。

(参考答案:$A = A_0 \sqrt{\dfrac{h}{h+x}}$)

图 7-38 题 30 图

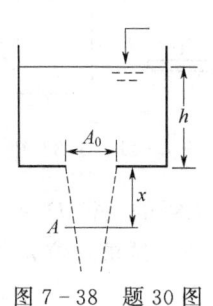

31. 如图 7-39 所示,水沿 T 管流入容器 A,经流线形管嘴流入容器 B,再经圆柱形管嘴流入容器 C,最后经底部圆柱形管嘴流到大气中。已知 $d_1 = 0.008\text{m}$,$d_2 = 0.010\text{m}$,$d_3 = 0.006\text{m}$。当 $H = 1.2\text{m}$,$h = 0.025\text{m}$ 时,求经过此系统的流量 Q 和水位差 h_1 与 h_2。

(参考答案:$Q = 1.14 \times 10^{-4} \text{m}^3/\text{s}$,$h_1 = 0.274\text{m}$,$h_2 = 0.16\text{m}$)

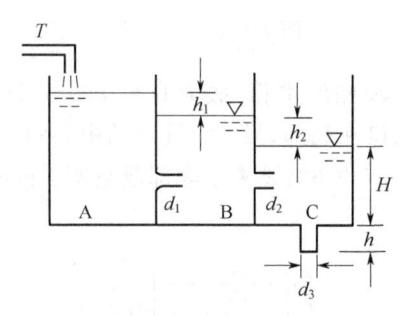

图 7-39 题 31 图

32. 图 7-40 所示一大截面的开口容器,容器内水高度为 6.09m,水流从容器底部的薄壁孔口稳定连续流出,其流量 $Q = 3.4\text{L/s}$。现用皮托管测得位于流出口收缩截面以下 6.09m 处水流的相对压力为 113.97kPa。已知孔口的直径 $d_0 = 2.54\text{cm}$,如果忽略水流动时空气阻力,试确定水流经过孔口的收缩系数 ε 和流速系数 φ。

(参考答案:$\varepsilon = 0.644$,$\varphi = 0.95$)

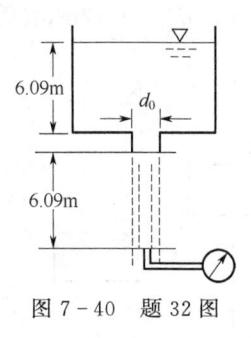

图 7-40 题 32 图

33. 如图 7-41 所示,水箱的水经两条串联而成的管路流出,水箱的水位保持恒定。两管的管径分别为 $d_1 = 0.15\text{m}$,$d_2 = 0.12\text{m}$,管长 $l_1 = l_2 = 7\text{m}$,沿程阻力系数 $\lambda_1 = \lambda_2 = 0.03$,有两

种连接方法,流量分别为 Q_0 和 Q,不计局部水头损失,求比值 Q_0/Q。

(参考答案:$Q_0/Q=1.027$)

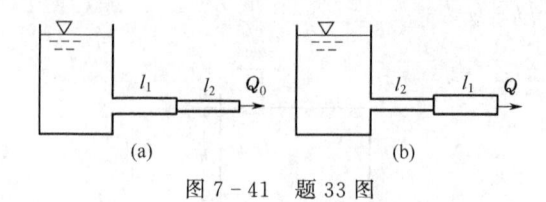

图 7－41 题 33 图

34. 如图 7－42 所示,一个圆柱形水箱的直径 $D=1.5\text{m}$,底部有一条长 $l=4\text{m}$,管径 $d=0.08\text{m}$ 的水管,其沿程阻力系数 $\lambda=0.02$。试求水位 h 从 3m 降至 1.5m 所需的泄流时间。

(参考答案:$t=126.3\text{s}$)

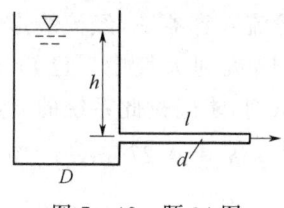

图 7－42 题 34 图

35. 如图 7－43 所示,一个圆柱形水箱,底面直径 $D=1.5\text{m}$,其侧面开设两个直径都是 $d=0.02\text{m}$ 的孔口,其中一个孔口在底部,另一个孔口的中心距底面为 $h_1=0.5\text{m}$,水箱的水位 $H=2\text{m}$,两孔的流量系数都是 $\mu=0.62$,试求水全部泄空所需的时间。

(参考答案:$t=4639\text{s}$)

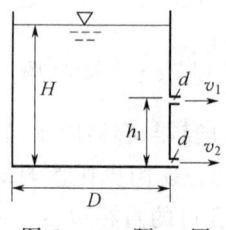

图 7－43 题 35 图

36. 如图 7－44 所示一管路,两水池联合供水,已知 $h=3\text{m}$,$H=7\text{m}$,$l_1=180\text{m}$,$l_2=70\text{m}$,$l_3=140\text{m}$,$d_1=0.1\text{m}$,$d_2=0.08\text{m}$,$d_3=0.12\text{m}$,各管段的沿程阻力系数均为 $\lambda=0.025$,不计局部水头损失,求供水量 Q。

(参考答案:$Q=0.01968\text{m}^3/\text{s}$)

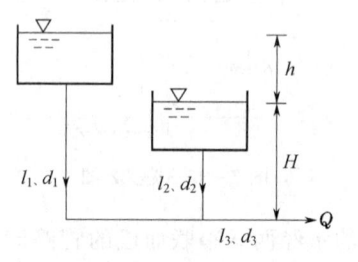

图 7－44 题 36 图

第八章 理想不可压缩流体平面流动

一、学习引导

(一)基本理论

1. 平面流动

在流场中,某一方向(如 z 轴方向)流速为零,$u_z=0$,而另两个方向的流速 u_x、u_y 与上述轴向坐标 z 无关的流动,称为平面流动。

2. 连续性方程

平面流动中,不可压缩流体的连续性方程

$$\frac{\partial u_x}{\partial x}+\frac{\partial u_y}{\partial y}=0$$

3. 无旋流动

在运动中流体微团不存在旋转运动,旋转角速度为 0,即

$$\boldsymbol{\omega}=0$$

称为无旋运动。

平面无旋流动,旋转角速度 $\omega_z=0$,则有

$$\frac{\partial u_y}{\partial x}=\frac{\partial u_x}{\partial y}$$

4. 有旋流动

如在运动中流体微团存在旋转运动,即 $\omega_x,\omega_y,\omega_z$ 三者中至少有一个不为零,则称为有旋流动。

上述分类的依据仅仅是微团本身是否绕基点的瞬时轴旋转,不涉及是恒定流还是非恒定流、均匀流还是非均匀流,也不涉及微团(质点)运动的轨迹。即便微团运动的轨迹是圆,但微团本身无旋转,流动仍是无旋流动。

5. 格林公式

设闭区域 D 由分段光滑的曲线 L 围成,函数 $P(x,y),Q(x,y)$ 在 D 上具有一阶连续偏导数,则有

$$\iint\limits_{D}\left(\frac{\partial Q}{\partial x}-\frac{\partial P}{\partial y}\right)\mathrm{d}x\,\mathrm{d}y=\oint_{L}P\mathrm{d}x+Q\mathrm{d}y$$

其中 L 是 D 的取正向的边界曲线。

函数的全微分：$d\varphi(x,y) = \dfrac{\partial \varphi}{\partial x}dx + \dfrac{\partial \varphi}{\partial y}dy$

全微分方程：$\dfrac{\partial \varphi}{\partial x}dx + \dfrac{\partial \varphi}{\partial y}dy = 0$

一阶微分方程 $P(x,y)dx + Q(x,y)dy = 0$ 可能为某一函数的全微分方程。当 $P(x,y)$，$Q(x,y)$ 在单连通区域 D 内具有一阶连续偏导数，要使方程是全微分方程，由格林公式可知其充要条件为

$$\frac{\partial P}{\partial y} = \frac{\partial Q}{\partial x}$$

6. 势函数

根据全微分理论，式 $\dfrac{\partial u_y}{\partial x} = \dfrac{\partial u_x}{\partial y}$ 是使 $u_x dx + u_y dy$ 成为某函数 $\varphi(x,y)$ 全微分的充分与必要条件，则

$$d\varphi(x,y) = u_x dx + u_y dy$$

函数 $\varphi(x,y)$ 的全微分：$d\varphi = \dfrac{\partial \varphi}{\partial x}dx + \dfrac{\partial \varphi}{\partial y}dy$

比较以上两式得

$$u_x = \frac{\partial \varphi}{\partial x}, u_y = \frac{\partial \varphi}{\partial y}$$

或

$$\boldsymbol{u} = \operatorname{grad}\varphi$$

则

$$\varphi = \int \frac{\partial \varphi}{\partial x}dx + \frac{\partial \varphi}{\partial y}dy = \int u_x dx + u_y dy$$

此函数称为平面无旋流动的流速势，因此，平面无旋流动也称平面势流。

7. 流函数

不可压缩流体平面流动的连续性方程

$$\frac{\partial u_x}{\partial x} + \frac{\partial u_y}{\partial y} = 0 \Rightarrow \frac{\partial u_x}{\partial x} = -\frac{\partial u_y}{\partial y}$$

上式使 $-u_y dx + u_x dy$ 成为某函数 $\psi(x,y)$ 全微分的充分与必要条件，则

$$d\psi = -u_y dx + u_x dy$$

函数 $\psi(x,y)$ 的全微分：$d\psi = \dfrac{\partial \psi}{\partial x}dx + \dfrac{\partial \psi}{\partial y}dy$

比较以上两式得

$$u_x = \frac{\partial \psi}{\partial y}, u_y = -\frac{\partial \psi}{\partial x}$$

则

$$\psi = \int \frac{\partial \psi}{\partial x}dx + \frac{\partial \psi}{\partial y}dy = \int -u_y dx + u_x dy$$

函数 $\psi(x,y)$ 称为不可压缩平面流动的流函数,流函数等于常数的曲线就是流线。

函数 ψ 的等值线方程为

$$d\psi = -u_y dx + u_x dy = 0$$

即其等值线方程 $\psi = c$ 可写为

$$\frac{dx}{u_x} = \frac{dy}{u_y}$$

由此可见,函数的等值线方程与流线方程相同,即其等值线就是流线,所以称此函数为流函数。

注意:由于流函数是由平面流动的连续性方程引入的,所以流函数仅存在于平面流动中。

8. 极坐标系下的势函数和流函数

势函数:

$$d\varphi(r,\theta) = u_r dr + u_\theta r d\theta$$

函数 $\varphi(r,\theta)$ 的全微分可写成

$$d\varphi = \frac{\partial \varphi}{\partial r} dr + \frac{\partial \varphi}{\partial \theta} d\theta$$

比较以上两式得

$$u_r = \frac{\partial \varphi}{\partial r}, u_\theta = \frac{\partial \varphi}{r \partial \theta}$$

流函数:

$$d\psi(r,\theta) = -u_\theta dr + u_r r d\theta$$

函数 $\psi(r,\theta)$ 的全微分可写成

$$d\psi = \frac{\partial \psi}{\partial r} dr + \frac{\partial \psi}{\partial \theta} d\theta$$

比较以上两式得

$$u_r = \frac{\partial \psi}{r \partial \theta}, u_\theta = -\frac{\partial \psi}{\partial r}$$

9. 流网

在不可压缩流体的平面势流中,等势线和流线处处正交。其正交网格称为流网。在工程上,可利用绘制流网的方法,图解与计算平面势流流速场和压强场。

10. 涡线、涡束、涡通量

流体做有旋流动时,其质点存在旋转,有时称为涡流。

有旋流动的旋转角速度 $\boldsymbol{\omega}$ 为一矢量,可用描述流速类似的方法来描述旋转角速度。各点旋转角速度的方向可用涡线来表示。

涡线:涡线上各质点在同一瞬间的旋转角速度矢量与涡线在该点相切。涡线的绘制方法与流线相同,其表达式也类似于流线方程,即

$$\frac{dx}{\omega_x} = \frac{dy}{\omega_y} = \frac{dz}{\omega_z}$$

通过微元断面的涡线组成涡束,涡束表面称为涡管。

涡束断面面积和2倍旋转角速度的乘积称为涡通量,以 I 表示,则微元涡通量为
$$dI = 2\omega dA = \Omega dA$$
式中,$\Omega = 2\omega$ 称为旋度,也称涡量。

11. 速度环量

在流场中任取一个封闭曲线 L,流速沿着该曲线的积分,称为沿曲线 L 的速度环量,用符号 Γ 表示,则
$$\Gamma = \int_L \vec{u} \cdot d\vec{l} = \int_l u_x dx + u_y dy + u_z dz$$
速度环量的正向规定为:逆时针速度环量为正。

当封闭曲线非涡线时,沿封闭曲线的速度环量等于张在该曲线上的曲面的涡通量,即
$$\Gamma = \oint_L \vec{u} \cdot d\vec{l} = \int_A \Omega_n dA = 2\int_A \omega_n dA$$

12. 等速均匀流

流场中各点的速度矢量皆相互平行,且大小相等的流动。在等速均匀流中,各点流速在 x、y 轴分量为常数,即
$$u_x = a, u_y = b$$
有流速势为
$$d\varphi = \frac{\partial \varphi}{\partial x} dx + \frac{\partial \varphi}{\partial y} dy = u_x dx + u_y dy = a dx + b dy = d(ax + by)$$
积分得
$$\varphi = ax + by$$
有流函数为
$$d\psi = \frac{\partial \psi}{\partial x} dx + \frac{\partial \psi}{\partial y} dy = -u_y dx + u_x dy = -b dx + a dy = d(-bx + ay)$$
积分得
$$\psi = -bx + ay$$

(1)当流动平行于 y 轴,$u_x = 0$,则
$$\varphi = by, \psi = -bx$$
(2)当流动平行于 x 轴,$u_y = 0$,则
$$\varphi = ax, \psi = ay$$
(3)流线方程为
$$y = \frac{b}{a} x + c$$
它将是一族斜率为 b/a 的平行直线簇。

13. 源流和汇流

流体从平面的一点 o 流出,沿径向均匀地流向四周的流动为源流,o 点为源点。由源点流出的单位厚度流量 Q 称为源流强度。源流的速度场为
$$u_r = \frac{Q}{2\pi r}, u_\theta = 0$$

速度方向与半径 r 方向一致,直角坐标系中的分速度为

$$\begin{cases} u_x = u_r \cos\theta = \dfrac{Q}{2\pi r} \cdot \dfrac{x}{r} = \dfrac{Q}{2\pi} \cdot \dfrac{x}{x^2+y^2} \\ u_y = u_r \sin\theta = \dfrac{Q}{2\pi r} \cdot \dfrac{y}{r} = \dfrac{Q}{2\pi} \cdot \dfrac{y}{x^2+y^2} \end{cases}$$

有势函数为

$$\mathrm{d}\varphi = u_x \mathrm{d}x + u_y \mathrm{d}y = \frac{Q}{2\pi} \frac{x\mathrm{d}x + y\mathrm{d}y}{x^2+y^2} = \frac{Q}{4\pi} \frac{\mathrm{d}(x^2+y^2)}{x^2+y^2}$$

积分可得

$$\varphi = \frac{Q}{4\pi} \ln(x^2+y^2) = \frac{Q}{2\pi} \ln r$$

有流函数为

$$\mathrm{d}\psi = u_x \mathrm{d}y - u_y \mathrm{d}x = \frac{Q}{2\pi} \frac{x\mathrm{d}y - y\mathrm{d}x}{x^2+y^2} = \frac{Q}{2\pi} \frac{\mathrm{d}(y/x)}{1+(y/x)^2}$$

积分可得

$$\psi = \frac{Q}{2\pi} \tan^{-1} \frac{y}{x} = \frac{Q}{2\pi} \theta$$

可见,等势线是以源点为圆心的同心圆,流线是以源点 o 为起点的半辐射线,与等势线同心圆正交。

应用极坐标系,有势函数为

$$\mathrm{d}\varphi = u_r \mathrm{d}r + u_\theta r \mathrm{d}\theta = \frac{Q}{2\pi r} \mathrm{d}r$$

积分可得

$$\varphi = \frac{Q}{2\pi} \ln r$$

有流函数为

$$\mathrm{d}\psi = -u_\theta \mathrm{d}r + u_r r \mathrm{d}\theta = \frac{Q}{2\pi} \mathrm{d}\theta$$

积分可得

$$\psi = \frac{Q}{2\pi} \theta = \frac{Q}{2\pi} \arctan \frac{y}{x}$$

如果把流出流体的点源改为吸收流体的汇集点,即四周流体沿平面均匀地汇集到 o 点,由汇集点将流体吸收,这种流动称为汇流,o 点称为汇点。

显然这种流动正好是点源流动的逆过程,其各种表达式与点源流动的形式相同,只是符号相反,可直接写出下式

$$\begin{cases} \varphi = -\dfrac{Q}{2\pi} \ln r \\ \psi = -\dfrac{Q}{2\pi} \theta \end{cases}$$

14. 环流（势涡流）

流体皆绕某一点做匀速圆周运动，且速度与圆周半径成反比的流动。衡量势涡强度的物理量称为速度环量 Γ，即速度沿某曲线的积分。Γ 是个不随圆周半径而变的常数，具有方向性，逆时针为正。

由定义，沿某半径为 r 的圆周的速度环量为

$$\Gamma = 2\pi r u_\theta$$

而速度场为

$$u_r = 0, u_\theta = \frac{\Gamma}{2\pi r}$$

有势函数为

$$d\varphi = u_r dr + u_\theta r d\theta = \frac{\Gamma}{2\pi} d\theta$$

积分可得

$$\varphi = \frac{Q}{2\pi}\theta$$

有流函数为

$$d\psi = -u_\theta dr + u_r r d\theta = -\frac{\Gamma}{2\pi r} dr$$

积分可得

$$\psi = -\frac{\Gamma}{2\pi}\ln r$$

15. 势流叠加

叠加后流动的势函数和流函数等于原流动的势函数和流函数的代数和，即

$$\varphi = \varphi_1 + \varphi_2$$
$$\psi = \psi_1 + \psi_2$$

(二)重点与难点分析

1. 等速均匀流与源流的叠加

将与 x 轴正方向一致的等速均匀流和位于坐标原点的源流叠加。

1) 速度势和流函数

$$\varphi = u_0 r\cos\theta + \frac{Q}{2\pi}\ln r = u_0 x + \frac{Q}{2\pi}\ln\sqrt{x^2+y^2}$$

$$\psi = u_0 r\sin\theta + \frac{Q}{2\pi}\theta = u_0 y + \frac{Q}{2\pi}\arctan\frac{y}{x}$$

2) 速度场

$$u_x = u_0 + \frac{Q}{2\pi}\frac{x}{x^2+y^2}$$

$$u_y = \frac{Q}{2\pi} \frac{y}{x^2+y^2}$$

3)驻点 s（即 u_x, u_y 均为零的点）

$$u_{ys} = \frac{Q}{2\pi} \frac{y_s}{x_s^2+y_s^2} = 0, \quad y_s = 0$$

$$u_{xs} = u_0 + \frac{Q}{2\pi} \frac{x_s}{x_s^2+y_s^2} = 0, \quad x_s = -\frac{Q}{2\pi u_0}$$

驻点的极坐标位置为

$$r_s = \frac{Q}{2\pi u_0}, \quad \theta_s = \pi$$

4)通过驻点 s 的流函数及流线方程

流函数：
$$\psi_s = u_0 r_s \sin\theta_s + \frac{Q}{2\pi}\theta_s = \frac{Q}{2}$$

流线方程：
$$u_0 y + \frac{Q}{2\pi}\theta = \frac{Q}{2}$$

从上式可以看出，当 $x \to \infty$ 即 $\theta \to 0$ 或 2π 时，$y \to \pm \frac{Q}{2u_0}$，即过驻点的流线在 $x \to \infty$ 时，以 $y = \pm \frac{Q}{2u_0}$ 为渐近线。

通过驻点的流线是一条沿 x 轴至驻点后分为上下两支的曲线，两支曲线所包围的区域相当于一个有头无尾的半无限体。等速均匀流和源流叠加的结果就相当于等速均匀来流绕半无限体流动。

2. 源流与势涡流的叠加

将强度为 Q 的源流和强度为 Γ 的势涡流都放置在坐标原点上，叠加后得速度势和流函数为

1)速度势和流函数

$$\varphi = \frac{1}{2\pi}(Q\ln r + \Gamma\theta)$$

$$\psi = \frac{1}{2\pi}(Q\theta - \Gamma\ln r)$$

2)速度场

$$u_r = \frac{\partial \varphi}{\partial r} = \frac{Q}{2\pi r}$$

$$u_\theta = \frac{\partial \varphi}{r\partial \theta} = \frac{\Gamma}{2\pi r}$$

3)流线方程

令 $\psi = c$，得流线方程

$$Q\theta - \Gamma\ln r = c'$$

流线是一组发自坐标原点的对数螺线。因此源流与势涡流的叠加可模拟离心泵内流体的流动。

3. 等强度源流和汇流的叠加

1) 速度势和流函数

$$\varphi = \frac{Q}{2\pi}\ln\frac{r_1}{r_2} = \frac{Q}{2\pi}\ln\sqrt{\frac{(x+a)^2+y^2}{(x-a)^2+y^2}}$$

$$\psi = \frac{Q}{2\pi}(\theta_1-\theta_2) = \frac{Q}{2\pi}\left(\arctan\frac{y}{x+a}-\arctan\frac{y}{x-a}\right)$$

2) 速度场

$$u_x = \frac{Q}{2\pi}\left[\frac{x+a}{(x+a)^2+y^2}-\frac{x-a}{(x-a)^2+y^2}\right]$$

$$u_y = \frac{Q}{2\pi}\left[\frac{y}{(x+a)^2+y^2}-\frac{y}{(x-a)^2+y^2}\right]$$

4. 等速均匀流与等强度源流和汇流的叠加

将等速均匀流中叠加一对强度相等的源流和汇流,得到的速度势和流函数为

1) 速度势和流函数

$$\varphi = u_0 r\cos\theta + \frac{Q}{2\pi}\ln\frac{r_1}{r_2} = u_0 x + \frac{Q}{2\pi}\ln\sqrt{\frac{r_1}{r_2}}$$

$$\psi = u_0 r\sin\theta + \frac{Q}{2\pi}(\theta_1-\theta_2) = u_0 y + \frac{Q}{2\pi}\left(\arctan\frac{y}{x+a}-\arctan\frac{y}{x-a}\right)$$

2) 速度场

$$u_x = u_0 + \frac{Q}{2\pi}\left[\frac{x+a}{(x+a)^2+y^2}-\frac{x-a}{(x-a)^2+y^2}\right]$$

$$u_y = u_0 + \frac{Q}{2\pi}\left[\frac{y}{(x+a)^2+y^2}-\frac{y}{(x-a)^2+y^2}\right]$$

5. 等强度源流和汇流的叠加——偶极流

将等强度源流和汇流的源点和汇点分别置于$(-a,0)$和$(a,0)$点上,并相互接近,使$a\to 0$,同时保持源点和汇点间的距离$2a$和强度Q的乘积为定值$m=2aQ$。这种流动称为偶极流,源点和汇点合称为偶极子,m称为偶极矩。m的方向由源指向汇。

速度势和流函数分别为

$$\varphi = \frac{Q}{2\pi}\ln\frac{r_1}{r_2} = \frac{Q}{2\pi}\ln\sqrt{\frac{(x+a)^2+y^2}{(x-a)^2+y^2}}$$

$$\psi = \frac{Q}{2\pi}(\theta_1-\theta_2) = \frac{Q}{2\pi}\left(\arctan\frac{y}{x+a}-\arctan\frac{y}{x-a}\right)$$

二、习题详解

8-1 试确定下列流场是否可压和是否无旋?

(1) $u_x = k_x/(x^2+y^2)$, $u_y = k_y/(x^2+y^2)$;(2) $u_x = x^2+2xy$, $u_y = y^2+2xy$;

(3) $u_x = y+z, u_y = z+x, u_z = x+y$。

解:(1)由已知条件

$$\frac{\partial u_x}{\partial x} = \frac{k(y^2-x^2)}{(x^2+y^2)^2} \quad \frac{\partial u_y}{\partial y} = \frac{k(x^2-y^2)}{(x^2+y^2)^2}$$

$$\text{div}\boldsymbol{u} = \frac{\partial u_x}{\partial x} + \frac{\partial u_y}{\partial y} = 0$$

$$\frac{\partial u_x}{\partial y} = \frac{-2kxy}{(x^2+y^2)^2} \quad \frac{\partial u_y}{\partial x} = \frac{-2kxy}{(x^2+y^2)^2}$$

$$\omega_z = \frac{1}{2}\left(\frac{\partial u_y}{\partial x} - \frac{\partial u_x}{\partial y}\right) = 0$$

故该流动为不可压缩无旋流动。

(2)由已知条件

$$\text{div}\boldsymbol{u} = \frac{\partial u_x}{\partial x} + \frac{\partial u_y}{\partial y} = 4(x+y) \neq 0$$

$$\omega_z = \frac{1}{2}\left(\frac{\partial u_y}{\partial x} - \frac{\partial u_x}{\partial y}\right) = 0$$

故该流动为可压缩无旋流动。

(3)由已知条件

$$\text{div}\boldsymbol{u} = \frac{\partial u_x}{\partial x} + \frac{\partial u_y}{\partial y} + \frac{\partial u_z}{\partial z} = 0$$

$$\omega_z = \frac{1}{2}\left(\frac{\partial u_y}{\partial x} - \frac{\partial u_x}{\partial y}\right) = 0$$

$$\omega_y = \frac{1}{2}\left(\frac{\partial u_x}{\partial z} - \frac{\partial u_z}{\partial x}\right) = 0$$

$$\omega_x = \frac{1}{2}\left(\frac{\partial u_z}{\partial y} - \frac{\partial u_y}{\partial z}\right) = 0$$

故该流动为不可压缩无旋流动。

8-2 已知平面流势流的流函数 $\psi = xy + 2x - 3y + 10$,求势函数与速度分量。

解:
$$u_x = \frac{\partial \psi}{\partial y} = x - 3, u_y = -\frac{\partial \psi}{\partial x} = -y - 2$$

$$\varphi = \int u_x \mathrm{d}x + u_y \mathrm{d}y = \int (x-3)\mathrm{d}x + (-y-2)\mathrm{d}y = \frac{x^2 - y^2}{2} - 3x - 2y$$

8-3 试证流速分量为 $u_x = 2xy + x, u_y = x^2 - y^2 - y$ 的平面流动为势流,并求出势函数和流函数。

解:
$$\varphi = \int u_x \mathrm{d}x + u_y \mathrm{d}y = \int (2xy + x)\mathrm{d}x + (x^2 - y^2 - y)\mathrm{d}y$$

$$= \int y \mathrm{d}x^2 + \mathrm{d}\frac{x^2}{2} + x^2 \mathrm{d}y - \mathrm{d}\frac{y^3}{3} - \mathrm{d}\frac{y^2}{2}$$

$$= \int \mathrm{d}(x^2 y) + \mathrm{d}\left(\frac{x^2}{2} - \frac{y^3}{3} - \frac{y^2}{2}\right)$$

$$= x^2 y + \frac{x^2}{2} - \frac{y^3}{3} - \frac{y^2}{2}$$

$$\psi = \int u_x \mathrm{d}y - u_y \mathrm{d}x = \int (2xy+x)\mathrm{d}y - (x^2-y^2-y)\mathrm{d}x$$

$$= \int x \mathrm{d}y^2 + x\mathrm{d}y - \mathrm{d}\frac{x^3}{3} + y^2\mathrm{d}x + y\mathrm{d}x$$

$$= \int \mathrm{d}\left(xy^2 + xy - \frac{x^3}{3}\right)$$

$$= xy^2 + xy - \frac{x^3}{3}$$

8-4 已知势函数 $\varphi = xy$，求速度分量和流函数。

解：

$$u_x = \frac{\partial \varphi}{\partial x} = y, \quad u_y = \frac{\partial \varphi}{\partial y} = x$$

$$\psi = \int u_x \mathrm{d}y - u_y \mathrm{d}x = \int y \mathrm{d}y - x \mathrm{d}x = \int \mathrm{d}\left(\frac{y^2-x^2}{2}\right) = \frac{y^2-x^2}{2}$$

8-5 位于坐标原点的源强度为 $24\mathrm{m}^2/\mathrm{s}$，沿水平方向自右向左运动的均匀直线流流速为 $u_0 = 10\mathrm{m/s}$。求两点流动叠加后的驻点位置、通过驻点的流线、此流线在 $\theta = 90°$ 和 $180°$ 时的 y 坐标值及这两点处的流速值。

解：(1)设点源流动的流函数为 $\psi_1 = \frac{Q}{2\pi}\theta$，势函数为 $\varphi_1 = \frac{Q}{2\pi}\ln r$；沿水平自右向左运动的均匀直线流动的流函数为 $\psi_2 = -u_0 y$，势函数为 $\varphi_2 = -u_0 x$，叠加后

$$\varphi = \varphi_1 + \varphi_2 = \frac{Q}{2\pi}\ln r - u_0 x = \frac{Q}{2\pi}\ln\sqrt{x^2+y^2} - u_0 x$$

$$\psi = \psi_1 + \psi_2 = \frac{Q}{2\pi}\theta - u_0 y = \frac{Q}{2\pi}\arctan\frac{y}{x} - u_0 y$$

速度场

$$u_x = \frac{\partial \varphi}{\partial x} = \frac{Q}{2\pi}\frac{x}{x^2+y^2} - u_0 = \frac{Q}{2\pi r}\frac{x}{r} - u_0$$

$$u_y = \frac{\partial \varphi}{\partial y} = \frac{Q}{2\pi}\frac{y}{x^2+y^2} = \frac{Q}{2\pi r}\frac{y}{r}$$

驻点即 $u_x = u_y = 0$ 的点，则得驻点的纵坐标 $y_s = 0$，驻点的横坐标 $x_s = \frac{Q}{2\pi u_0} = \frac{1.2}{\pi}$；驻点的极坐标位置为：$r_s = \frac{1.2}{\pi}, \theta_s = 0$ 或 2π。

(2) 将 (x_s, y_s) 代入到流函数中，得通过驻点的流函数值为 0 或 Q，则通过驻点的流线方程为

$$\frac{Q}{2\pi}\theta - u_0 y = 0 \text{ 或 } Q \text{ 即 } \begin{cases} \frac{1.2}{\pi}\theta - y = 0 & (0 \leqslant \theta < \pi) \\ \frac{1.2}{\pi}\theta - y = 2.4 & (\pi < \theta \leqslant 2\pi) \\ y = \pm 1.2 & (\theta = \pi) \end{cases}$$

(3) 当 $\theta = \frac{\pi}{2}$ 时，$y = 0.6$

$$u_x = \frac{Q}{2\pi r}\frac{x}{r} - u_0 = -10 \, (\mathrm{m/s})$$

$$u_y = \frac{Q}{2\pi r}\frac{y}{r} = \frac{20}{\pi}(\text{m/s})$$

当 $\theta = \pi$ 时, $y = \pm 1.2$, 此时 $x \to -\infty, x/r^2 \to 0, y/r^2 \to 0$

$$u_x = \frac{Q}{2\pi r}\frac{x}{r} - u_0 = -10(\text{m/s})$$

$$u_y = \frac{Q}{2\pi r}\frac{y}{r} = 0$$

8-6 一长圆柱体,直径为 1m,位于 $u_0 = 10\text{m/s}$ 的正交于柱体轴的直线流中,流体密度为 1000kg/m^3,未扰动流动的压力为 0,求在圆柱表面上 $\theta = 45°$、$60°$ 和 $90°$ 处的流速和压力。

解:(1)圆柱表面上流速大小为

$$u_s = 2u_\infty |\sin\theta| = 20|\sin\theta|$$

当 $\theta = \frac{\pi}{4}$ 时,$u_s = 10\sqrt{2}\text{ m/s}$;当 $\theta = \frac{\pi}{3}$ 时,$u_s = 10\sqrt{3}\text{ m/s}$;当 $\theta = \frac{\pi}{2}$ 时,$u_s = 20\text{m/s}$;方向为沿圆柱的切线方向。

(2)设圆柱表面上任一点处的速度为 u_s,静压力为 p_s,未扰动的流体流速为 u_∞,静压力为 p_∞,列伯努利方程式得

$$p_\infty + \frac{\rho}{2}u_\infty^2 = p_s + \frac{\rho}{2}u_s^2$$

已知 $p_\infty = 0$,则 $p_s = \frac{\rho}{2}u_\infty^2(1 - 4\sin^2\theta) = \frac{\rho}{2}(u_\infty^2 - u_s^2)$

当 $\theta = \frac{\pi}{4}$ 时,$p_s = -5 \times 10^4 \text{Pa}$;当 $\theta = \frac{\pi}{3}$ 时,$p_s = -1 \times 10^5 \text{Pa}$;当 $\theta = \frac{\pi}{2}$ 时,$p_s = -1.5 \times 10^5 \text{Pa}$。

8-7 直径为 1.2m,长为 50m 的圆柱体,以 90r/min 的角速度绕其轴旋转,空气($\rho = 1.2\text{kg/m}^3$)流以 80km/h 的速度沿与圆柱轴向垂直的方向绕流圆柱体。试求速度环量、升力和驻点的位置。

解:(1)由题意得圆柱面上的圆周速度为

$$u = \frac{\pi D n}{60} = \frac{\pi \times 1.2 \times 90}{60} = 5.655(\text{m/s})$$

则 $$\Gamma = \int_L u\,ds = \int_0^{2\pi} u r\,d\theta = u\pi D = 21.32\text{ (m/s)}$$

(2) $F_L = \rho \Gamma u_0 L = 1.2 \times 21.32 \times \frac{80 \times 10^3}{3600} \times 50 = 28.43(\text{kN})$

(3)由流线方程

$$\psi = u_0\left[r - \frac{\left(\frac{D}{2}\right)^2}{r}\right]\sin\theta - \frac{\Gamma}{2\pi}\ln r$$

$$u_r = \frac{\partial \psi}{r\partial\theta} = u_0\left(1 - \frac{D^2}{4r^2}\right)\cos\theta, u_\theta = -\frac{\partial\psi}{\partial r} = -u_0\left(1 + \frac{D^2}{4r^2}\right)\sin\theta + \frac{\Gamma}{2\pi r}$$

在 $r = \frac{D}{2}$ 时,$u_r = 0$,由 $u_\theta = -2u_0\sin\theta + \frac{\Gamma}{\pi D} = 0$ 得驻点处 $\sin\theta = \frac{\Gamma}{2\pi u_0 D}$。若逆时针旋转 $\Gamma = 21.32$

$$\sin\theta = 0.1272, \theta = 7.3° 和 \theta = 172.7°$$

若顺时针旋转 $\Gamma = -21.32$

$$\sin\theta = 0.1272, \theta = 187.3° 和 \theta = 352.7°$$

三、思考题与计算题

(一)思考题

1. 何谓势流？有什么特点？
2. 何谓速度环量？它和涡通量及旋度有怎样的关系？
3. 速度势和流函数各有哪些性质？
4. 点源、点汇和纯环流的流函数和速度势有何类似之处？
5. 何谓偶极流？何谓偶极矩？
6. 绕流的升力和阻力是怎样产生的？各与哪些因素有关？
7. 理想流体有环流的绕圆柱流动,其驻点位置取决于什么因素？有哪几种情况？
8. 何谓库塔—儒柯夫斯基升力定理和麦克斯韦效应？

(二)计算题

1. 已知平面流动的速度势为 $\varphi = x^2 - y^2 + x$,求在点(2,1)处的速度分量。
(参考答案:$u = 5, v = -2$)

2. 已知平面流动的速度分布 $u = x^2 + 2x - 4y, v = -2xy - 2y$。试确定流动:(1)是否满足连续性方程;(2)是否有旋;(3)如存在速度势和流函数,求出它们。
(参考答案:(1)满足;(2)有旋;(3)存在流函数 $\psi = x^2 y + 2xy - 2y^2$,不存在速度势 φ)

3. 已知速度势为:(1) $\varphi = \dfrac{Q}{2\pi}\ln r$;(2) $\varphi = \dfrac{\Gamma}{2\pi}\arctan\dfrac{y}{x}$,求其流函数。
$\left(\text{参考答案}:(1)\psi = \dfrac{Q}{2\pi}\theta;\psi = -\dfrac{\Gamma}{2\pi}\ln r\right)$

4. 已知有旋流动的速度场为 $u = 2y + 3z, v = 2z + 3x, w = 2x + 3y$,求涡量及涡线方程。
(参考答案:涡量 $\Omega = \sqrt{3}$,涡线方程 $x = y = z$)

5. 已知平面流动过的流函数 $\psi = 3x^2 y - y^3$,求势函数,并证明速度大小与点的矢径 r 的平方成正比。
(参考答案:$\varphi = x^3 - 3xy^2$)

6. 已知 x 轴上的两点 $(a, 0)$ 和 $(-a, 0)$ 分别放置强度为 Q 的一个点源和一个点汇。证明叠加后组合流动的流函数为

$$\psi = \dfrac{Q}{2\pi}\arctan\dfrac{2ay}{x^2 + y^2 - a^2}$$

7. 如图 8-1 所示,在 x 轴上的两点 $(a, 0)$ 和 $(-a, 0)$ 各放置一个强度为 Q 的点源,在 y 轴上的两点 $(0, a)$ 和 $(0, -a)$ 各放置一个强度为 Q 的点汇。试求组合流动的流函数。

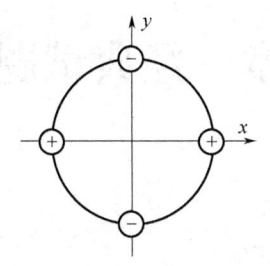

图 8-1 题 7 图

$$\left(参考答案:\psi=\frac{Q}{2\pi}\left[\arctan\left(\frac{y}{x-a}\right)+\arctan\left(\frac{y}{x+a}\right)-\arctan\left(\frac{y-a}{x}\right)-\arctan\left(\frac{y+a}{x}\right)\right]\right)$$

第九章 经典试题详解

9-1 一速度场用

$$u_x = \frac{x}{1+t}, \quad u_y = \frac{2y}{1+t}, \quad u_z = \frac{3z}{1+t}$$

描述,(1)求其加速度的欧拉描述;(2)先求矢径表示式 $r = r(a,b,c,t)$,再由此求加速度的拉格朗日描述;(3)求流线和迹线。

解:(1)加速度的欧拉描述

$$\begin{cases} a_x = \dfrac{\mathrm{d}u_x}{\mathrm{d}t} = \dfrac{\partial u_x}{\partial t} + u_x\dfrac{\partial u_x}{\partial x} + u_y\dfrac{\partial u_x}{\partial y} + u_z\dfrac{\partial u_x}{\partial z} = 0 \\ a_y = \dfrac{\mathrm{d}u_y}{\mathrm{d}t} = \dfrac{\partial u_y}{\partial t} + u_x\dfrac{\partial u_y}{\partial x} + u_y\dfrac{\partial u_y}{\partial y} + u_z\dfrac{\partial u_y}{\partial z} = \dfrac{2y}{(1+t)^2} \\ a_z = \dfrac{\mathrm{d}u_z}{\mathrm{d}t} = \dfrac{\partial u_z}{\partial t} + u_x\dfrac{\partial u_z}{\partial x} + u_y\dfrac{\partial u_z}{\partial y} + u_z\dfrac{\partial u_z}{\partial z} = \dfrac{6z}{(1+t)^2} \end{cases}$$

故 $\boldsymbol{a} = a_x\boldsymbol{i} + a_y\boldsymbol{j} + a_z\boldsymbol{k} = \dfrac{2y}{(1+t)^2}\boldsymbol{j} + \dfrac{6z}{(1+t)^2}\boldsymbol{k}$

(2)矢径表示式 $r = r(a,b,c,t)$

解方程

$$\begin{cases} u_x = \dfrac{\mathrm{d}x}{\mathrm{d}t} = \dfrac{x}{1+t} \\ u_y = \dfrac{\mathrm{d}y}{\mathrm{d}t} = \dfrac{2y}{1+t} \\ u_z = \dfrac{\mathrm{d}z}{\mathrm{d}t} = \dfrac{3z}{1+t} \end{cases} \Rightarrow \begin{cases} x = c_1(1+t) \\ y = c_2(1+t)^2 \\ z = c_3(1+t)^3 \end{cases} \xrightarrow{t=0, x=a, y=b, z=c} \begin{cases} x = a(1+t) \\ y = b(1+t)^2 \\ z = c(1+t)^3 \end{cases}$$

故矢径 $\boldsymbol{r} = x\boldsymbol{i} + y\boldsymbol{j} + z\boldsymbol{k} = a(1+t)\boldsymbol{i} + b(1+t)^2\boldsymbol{j} + c(1+t)^3\boldsymbol{k}$

加速度的拉格朗日描述

$$\begin{cases} x = a(1+t) \\ y = b(1+t)^2 \\ z = c(1+t)^3 \end{cases} \Rightarrow \begin{cases} u_x = \dfrac{\mathrm{d}x}{\mathrm{d}t} = a \\ u_y = \dfrac{\mathrm{d}y}{\mathrm{d}t} = 2b(1+t) \\ u_z = \dfrac{\mathrm{d}z}{\mathrm{d}t} = 3c(1+t)^2 \end{cases} \Rightarrow \begin{cases} a_x = \dfrac{\mathrm{d}u_x}{\mathrm{d}t} = 0 \\ a_y = \dfrac{\mathrm{d}u_y}{\mathrm{d}t} = 2b \\ a_z = \dfrac{\mathrm{d}u_z}{\mathrm{d}t} = 6c(1+t) \end{cases}$$

(3)流线

解流线微分方程

$$\frac{\mathrm{d}x}{u_x} = \frac{\mathrm{d}y}{u_y} = \frac{\mathrm{d}z}{u_z} \Rightarrow \frac{\mathrm{d}x}{x} = \frac{\mathrm{d}y}{2y} = \frac{\mathrm{d}z}{3z}$$

得

$$x = y^{\frac{1}{2}} = z^{\frac{1}{3}}$$

迹线方程 $\begin{cases} x=a(1+t) \\ y=b(1+t)^2 \\ z=c(1+t)^3 \end{cases}$

9-2 如图 9-1 所示，P_1，P_2 分别代表 1—1 断面，2—2 断面受到的总压力，p_1，p_2 分别代表 1—1 断面，2—2 断面的压强，密度为 ρ 的不可压缩均质流体以均匀速度 v 进入半径为 R 的水平直圆管，出口处的速度分布为 $u=v_{\max}\left(1-\dfrac{r^2}{R^2}\right)$，式中 r 是点到管轴的距离，求(1)最大流速 $v_{\max}$；(2)流过圆管的流量；(3)管壁对流体的作用力。

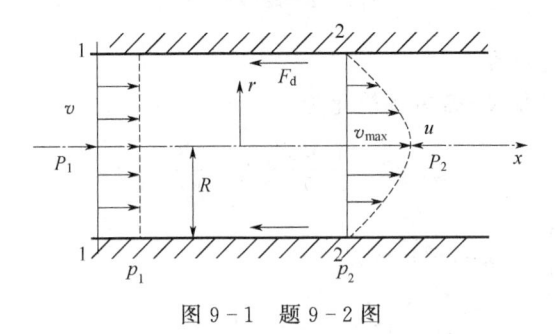

图 9-1 题 9-2 图

解：取 1—1 断面，2—2 断面及管壁围成的空间体积为控制体，沿轴向列动量方程
$$P_1-P_2-F_d=\rho Q(a_{02}v_2-a_{01}v_1)$$
式中：$v_1=v_2=v$、$a_{01}=1$

(1) 最大流速 $v_{\max}$；
$$v=v_2=\frac{1}{A}\int_A u\,dA$$
$$=\frac{1}{\pi R^2}\int_0^R v_{\max}\left(1-\frac{r^2}{R^2}\right)2\pi r\,dr=\frac{v_{\max}}{2}\left(1-\frac{r^2}{R^2}\right)^2\bigg|_0^R$$
$$=\frac{v_{\max}}{2}$$
$$v_{\max}=2v$$

(2) 流量 $\qquad Q=\pi R^2 v$

(3) 管壁对流体的作用力
$$a_{02}=\frac{\int_A u^2\,dA}{v^2 A}=\frac{v_{\max}^2}{\pi R^2 v^2}\int_0^R\left(1-\frac{r^2}{R^2}\right)2\pi r\,dr=\frac{4}{3}$$

将 $a_{01}=1$、$a_{02}=\dfrac{4}{3}$、$v_1=v_2=v$ 代入动量方程
$$P_1-P_2-F_d=\rho Q v\left(\frac{4}{3}-1\right)=\frac{1}{3}\rho\pi R^2 v^2$$
故
$$F_d=\pi R^2(p_1-p_2)-\frac{1}{3}\rho\pi R^2 v^2$$

9-3 如图 9-2 所示，不可压缩黏性流体在与水平面成 θ 角的两平行平板间做层流运动，假设流动定常，压力梯度为常数，板长为 L，板宽为 B，两板间距离为 H，上平板相对于固

定的下平板以匀速 v 平行于固定平板运动。求：(1)流体运动速度分布；(2)流量及平均速度；(3)最大流速；(4)固定平板壁面切应力。

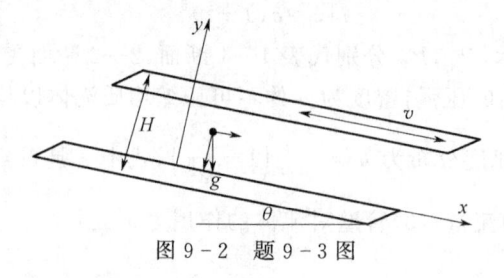

图 9-2 题 9-3 图

解：建立如图所示坐标系

(1)根据边界条件可将 N—S 方程简化为

$$g\sin\theta - \frac{1}{\rho}\frac{\partial p}{\partial x} + \frac{\mu}{\rho}\frac{\partial^2 u_x}{\partial y^2} = 0$$

整理得 $\dfrac{\partial^2 u_x}{\partial y^2} = \dfrac{1}{\mu}\left(\dfrac{\partial p}{\partial x} - \rho g\sin\theta\right)$，解方程

$$u_x = \frac{1}{2\mu}\left(\frac{\partial p}{\partial x} - \rho g\sin\theta\right)y^2 + c_1 y + c_2$$

将初边界条件 $\begin{cases} y=0, u_x=0 \\ y=H, u_x=v \end{cases}$ 代入，可确常数 c_1 和 c_2，得流体运动的速度分布

$$u_x = \frac{1}{2\mu}\left(\frac{\partial p}{\partial x} - \rho g\sin\theta\right)(y^2 - Hy) + \frac{v}{H}y$$

(2)流量及平均流速

$$Q = \int_0^H u_x B\,dy = B\int_0^H \left[\frac{1}{2\mu}\left(\frac{\partial p}{\partial x} - \rho g\sin\theta\right)(y^2 - Hy) + \frac{v}{H}y\right]dy$$

$$= \frac{1}{2}vH - \frac{1}{12\mu}\left(\frac{\partial p}{\partial x} - \rho g\sin\theta\right)H^3$$

$$v = \frac{Q}{BH} = \frac{1}{2B}v - \frac{1}{12B\mu}\left(\frac{\partial p}{\partial x} - \rho g\sin\theta\right)H^2$$

(3)最大流速

令 $\dfrac{du_x}{dy} = 0$，得 $y = \dfrac{H}{2} - \dfrac{\mu v}{H\left(\dfrac{\partial p}{\partial x} - \rho g\sin\theta\right)}$，代入速度分布可得

$$u_x = \frac{1}{2\mu}\left(\frac{\partial p}{\partial x} - \rho g\sin\theta\right)\left\{\left[\frac{H}{2} - \frac{\mu v}{H\left(\frac{\partial p}{\partial x} - \rho g\sin\theta\right)}\right]^2 - H\left[\frac{H}{2} - \frac{\mu v}{H\left(\frac{\partial p}{\partial x} - \rho g\sin\theta\right)}\right]\right\}$$

$$+ \frac{v}{H}\left[\frac{H}{2} - \frac{\mu v}{H\left(\frac{\partial p}{\partial x} - \rho g\sin\theta\right)}\right]$$

(4)固定平板壁面切应力

$$F = \tau A = \mu\frac{du_x}{dy}BL$$

$$= \left[\frac{1}{2}\left(\frac{\partial p}{\partial x} - \rho g\sin\theta\right)(2y-H) + \frac{v}{H}\mu\right]BL$$

9-4 密度为 ρ 的两股不同速度的不可压缩流体合流,通过一段平直圆管,混合后速度与压力都均匀,如图9-3所示。若两股来流面积均为 $\frac{A}{2}$,压力相同,一股流速为 v,另一股流速为 $2v$,假定管壁摩擦力不计,流动为定常绝热。证明单位时间内机械能损失为 $\frac{3}{16}\rho Av^3$。

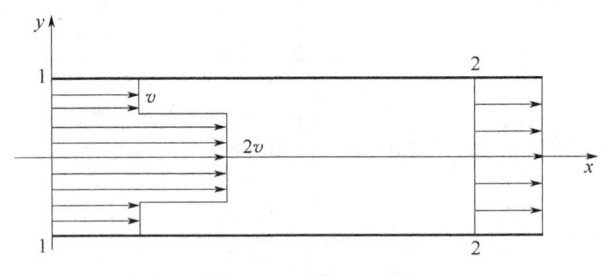

图9-3 题9-4图

解:(1)求 v_2;由连续性方程
$$Q_{11} + Q_{12} = Q_2$$
即
$$v \times \frac{A}{2} + 2v \times \frac{A}{2} = v_2 A$$
得
$$v_2 = \frac{3}{2}v$$

(2)以1—1断面和2—2断面及管壁围成的空间体积为控制体列轴向动量方程
$$Ap_1 - Ap_2 = \rho \frac{9}{4}v^2 A - \left(\rho v^2 \frac{A}{2} + \rho 4v^2 \frac{A}{2}\right)$$
$$= -\frac{1}{4}\rho v^2 A$$
故
$$p_1 - p_2 = -\frac{1}{4}\rho v^2$$

(3)由1—1断面和2—2断面的能量方程得
$$h_{w1} = \frac{p_1 - p_2}{\rho g} + \frac{v^2 - v_2^2}{2g} = -\frac{v^2}{4g} - \frac{5v^2}{8g} = -\frac{7v^2}{8g}$$
$$h_{w2} = \frac{p_1 - p_2}{\rho g} + \frac{4v^2 - v_2^2}{2g} = \frac{5v^2}{8g}$$

则单位时间内的机械能损失
$$h_w = G_1 h_{w1} + G_2 h_{w2} = \rho g\left(\frac{A}{2}v h_{w1} + \frac{A}{2}2v h_{w2}\right) = \frac{3}{16}\rho g Av^3$$

9-5 如图9-4所示,在 $(a,0)$ 与 $(-a,0)$ 分别放置一个汇和一个源,其强度均为 Q_s,且有一自左向右的均匀来流,速度为 v_∞,平行于 x 轴,求叠加后的势函数、流函数与驻点坐标。

解:(1)速度势和流函数

— 131 —

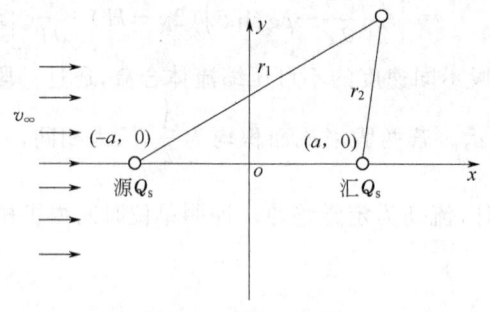

图 9-4 题 9-5 图

$$\begin{cases} \varphi = v_\infty r\cos\theta + \dfrac{Q_s}{2\pi}\ln\dfrac{r_1}{r_2} = v_\infty x + \dfrac{Q_s}{2\pi}\ln\sqrt{\dfrac{(x+a)^2+y^2}{(x-a)^2+y^2}} \\ \psi = v_\infty r\sin\theta + \dfrac{Q_s}{2\pi}(\theta_1-\theta_2) = v_\infty y + \dfrac{Q_s}{2\pi}\left(\arctan\dfrac{y}{x+a} - \arctan\dfrac{y}{x-a}\right) \end{cases}$$

(2) 速度场

$$\begin{cases} u_x = v_\infty + \dfrac{Q_s}{2\pi}\left[\dfrac{x+a}{(x+a)^2+y^2} - \dfrac{x-a}{(x-a)^2+y^2}\right] \\ u_y = \dfrac{Q_s}{2\pi}\left[\dfrac{y}{(x+a)^2+y^2} - \dfrac{y}{(x-a)^2+y^2}\right] \end{cases}$$

(3) 驻点

$$\begin{cases} u_{ys} = 0 \Rightarrow y = 0 \\ u_{xs} = 0 \Rightarrow x_{xs} = \pm a\sqrt{1+\dfrac{Q_s}{\pi a v_\infty}} \end{cases}$$

9-6 如图 9-5 所示,高速水流从管道经过一个喷嘴射入大气,管嘴截面从 A_1 收缩到 A_2,如果截面 A_1 处中心的表压强为 p_1-p_a,求水流给喷嘴的合力 F。

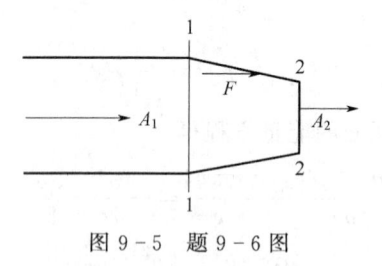

图 9-5 题 9-6 图

解:取 1—1 断面和 2—2 断面及管壁围成的空间为控制体,内部的流体为控制体系统,列 1—1 断面和 2—2 断面的能量方程,则

$$\dfrac{p_1}{\rho g} + \dfrac{v_1^2}{2g} = \dfrac{v_2^2}{2g}$$

结合连续性方程
$$v_1 A_1 = v_2 A_2$$
解得

$$v_1 = A_2\sqrt{\dfrac{2p_1}{\rho(A_1^2-A_2^2)}}$$

由动量方程可得
$$p_1 A_1 - F = \rho Q(v_2 - v_1) = \rho A_1 \left(\frac{A_1}{A_2} - 1\right) v_1^2$$

故 $F = p_1 A_1 - \rho A_1 \left(\dfrac{A_1}{A_2} - 1\right) v_1^2 = p_1 A_1 - \rho A_1 \left(\dfrac{A_1}{A_2} - 1\right) \dfrac{A_2^2 2 p_1}{\rho(A_1^2 - A_2^2)} = \dfrac{p_1 A_1 (A_1 - A_2)}{A_1 + A_2}$

9-7 充分发展的黏性流体层流,沿平板下流时,厚度 b 为常数,且 $\dfrac{\partial p}{\partial x} = 0$,重力加速度为 g,如图 9-6 所示,求其流速分布关系曲线。

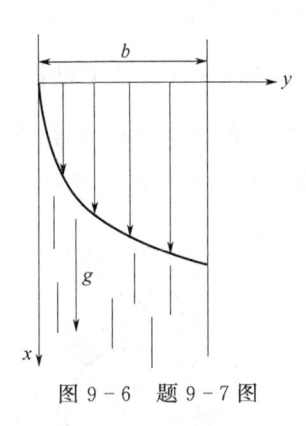

图 9-6 题 9-7 图

解:建立如图所示坐标系,根据边界条件简化 N—S 方程
$$g + \frac{\mu}{\rho} \frac{\partial^2 u_x}{\partial y^2} = 0$$

整理得 $\dfrac{\partial^2 u_x}{\partial y^2} = -\dfrac{\rho g}{\mu}$,解该方程得 $\dfrac{\partial u_x}{\partial y} = -\dfrac{\rho g}{\mu} y + c_1$

结合边界条件,当 $y = b$ 时,$\dfrac{\partial u_x}{\partial y} = 0$,可确定 $c_1 = b \dfrac{\rho g}{\mu}$,则
$$\frac{\partial u_x}{\partial y} = -\frac{\rho g}{\mu} y + \frac{\rho g}{\mu} b$$

解方程得
$$u_x = -\frac{\rho g}{2\mu} y^2 + \frac{\rho g}{\mu} by + c_2$$

由边界条件当 $y = 0$ 时,$u_x = 0$,可确定常数 $c_2 = 0$,则
$$u_x = -\frac{\rho g}{2\mu} y^2 + \frac{\rho g}{\mu} by$$

9-8 一平面流场的速度分布为 $\boldsymbol{u} = 3x^2 y^2 \boldsymbol{i} - 2xy^3 \boldsymbol{j}$。(1)该流动是否存在流函数?若存在,求出流函数;(2)该流动是否存在速度势函数?若存在,求出势函数。

解:由已知流场的速度分布可确定速度分量
$$\begin{cases} u_x = 3x^2 y^2 \\ u_y = -2xy^3 \end{cases}$$

因为 $\dfrac{\partial u_x}{\partial x} + \dfrac{\partial u_y}{\partial y} = 6xy^2 - 6xy^2 = 0$,故存在流函数。

由流函数和速度分量之间的关系

$$\psi = \int -u_y \mathrm{d}x + u_x \mathrm{d}y$$
$$= \int 2xy^3 \mathrm{d}x + 3x^2 y^2 \mathrm{d}y$$
$$= \int y^3 \mathrm{d}x^2 + x^2 \mathrm{d}y^3$$
$$= \int \mathrm{d}x^2 y^3$$
$$= x^2 y^3 + c$$

由 $\omega_z = \frac{1}{2}\left(\frac{\partial u_y}{\partial x} - \frac{\partial u_x}{\partial y}\right) = \frac{1}{2}(-2y^3 - 6x^2 y) \neq 0$,可判断该流动不存在速度势函数。

9-9 图9-7所示两个半圆球形壳,以螺钉相连接,下半球固定于地面,其侧面接一测压管,球内装满水,测压管内水面高出球底5m,球直径为4m,求螺钉受的总张力。

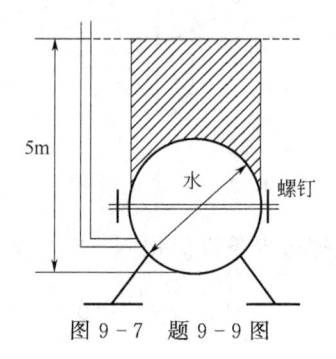

图9-7 题9-9图

解:如图所示压力体,螺钉受的总张力

$$P_z = \rho g V = 9800 \times \left[3.14 \times 2^2 \times (5-2) - \frac{2}{3} \times 3.14 \times 2^3\right] = 205147(\mathrm{N})$$

$$P = \frac{P_z}{2} = 102573(\mathrm{N})$$

9-10 如图9-8所示,两水平无穷大平板间充满某种不可压缩黏性流体,两平板分别以恒定速度 u_1、u_2 向相反方向运动,x 方向的压力梯度为零,体积力只考虑重力,流动为层流,求两板间液体速度分布。

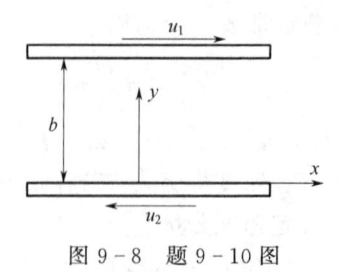

图9-8 题9-10图

解:建立如图所示坐标系,则上平板相对于下平板的速度为 $u = u_1 + u_2$,即当 $y=0$ 时 $u=0$,当 $y=b$ 时,$u = u_1 + u_2$。

根据边界条件简化 N—S 方程

$$\frac{\partial^2 u_x}{\partial y^2}=0$$

解该方程得 $u_x=c_1y+c_2$，结合边界条件可确定 $c_1=\dfrac{u_1+u_2}{b}$、$c_2=0$，则

$$u_x=\frac{u_1+u_2}{b}y$$

9-11 如图9-9所示，气体混合室进口高度为$2B$，出口高度为$2b$，进出口气压都等于大气压，进口的速度u_0和$2u_0$各占高度为B，出口速度分布为$u=u_{\max}\left[1-\left(\dfrac{y}{b}\right)^2\right]$，气体密度为$\rho$，求$u_{\max}$及气流给混合室壁面的作用力。

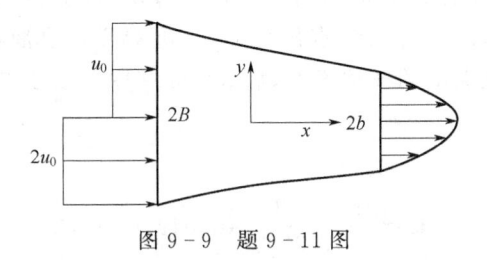

图9-9 题9-11图

解：利用连续性方程求出口轴线上的速度$u_{\max}$。

$$2\int_0^b u_{\max}\left[1-\left(\frac{y}{b}\right)^2\right]\mathrm{d}y=u_0B+2u_0B$$

$$u_{\max}=2.25\frac{B}{b}u_0$$

用动量方程求合力F：

$$-F=2\int_0^b\rho u^2\mathrm{d}y-\rho u_0^2B-\rho(2u_0)^2B$$

$$F=5\rho u_0^2B-10.125\rho u_0^2\int_0^b\left[1-\left(\frac{y}{b}\right)^2\right]^2\mathrm{d}y$$

$$=5\rho u_0^2B-5.4\rho u_0^2\frac{B^2}{b}$$

$$=\rho u_0^2 B\left(5-5.4\frac{B}{b}\right)$$

9-12 可压缩平面流动的速度分布$u=x^2+2x-4y$，$v=-2xy-2y$。试确定流动：(1)是否满足连续性条件；(2)是否有旋；(3)如存在速度势函数和流函数，求出它们。

解：(1)由已知流场的速度分布可知连续性方程

$$\frac{\partial u}{\partial x}+\frac{\partial v}{\partial y}=2x+2+(-2x-2)=0$$

故满足连续性条件，存在流函数。

(2) $$\omega_z=\frac{1}{2}\left(\frac{\partial v}{\partial x}-\frac{\partial u}{\partial y}\right)=\frac{1}{2}(-2y+4)\neq 0$$

故流动有旋，可以判断该流动不存在速度势函数。

(3)由流函数和速度分量之间的关系

$$\psi = \int -v\,dx + u\,dy$$
$$= \int (2xy+2y)dx + (x^2+2x-4y)dy$$
$$= \int 2xy\,dx + 2y\,dx + x^2\,dy + 2x\,dy - 4y\,dy$$
$$= \int y\,dx^2 + x^2\,dy + 2y\,dx + 2x\,dy - 4y\,dy$$
$$= \int dx^2 y + 2dxy - 2dy^2$$
$$= x^2 y + 2xy - 2y^2 + c$$

9-13 已知一条油管线长100km,管径为250mm,管壁粗糙度$\Delta=0.15$mm,输量为150t/h,密度为850kg/m³,$Z_1=Z_2$,终点压力$p_2=0.2$MPa,原油黏度$\mu=50$mPa·s。求:(1)泵提供的扬程;(2)若泵提供的扬程不变,后50km并联一条长50km管径相同的管线,求管线的输量。

解:(1)由已知条件得

$$Q = \frac{150 \times 1000}{850 \times 3600} = 0.049 (\text{m}^3/\text{s})$$

$$\varepsilon = \frac{\Delta}{d} = \frac{0.15}{250} = 0.0006$$

$$Re = \frac{4\rho Q}{\mu \pi d} = \frac{4 \times 850 \times 0.049}{0.05 \times 3.14 \times 0.25} = 4245 \quad \text{水力光滑}$$

$$\lambda = \frac{0.3164}{Re^{0.25}} = \frac{0.3164}{4245^{0.25}} = 0.039$$

$$h_f = 0.0826\lambda \frac{Q^2 l}{d^5} = 0.0826 \times 0.039 \times \frac{0.049^2 \times 100000}{0.25^5} = 792(\text{m})$$

列起点和终点的能量方程,则有

$$H = \frac{p_2}{\rho g} + h_f = \frac{0.2 \times 10^6}{850 \times 9.8} + 792 = 816(\text{m})$$

(2)假设管路中均属水力光滑,则有

$$h_f = 0.0246 \frac{Q^{1.75} \times v^{0.25} \times l/2}{d^{4.75}}(1+0.5^{1.75})$$

$$= 0.0246 \frac{Q^{1.75} \times \left(\frac{0.05}{850}\right)^{0.25} \times 50000}{0.25^{4.75}}(1+0.5^{1.75})$$

$$= 792(\text{m})$$

得
$$Q = 0.063(\text{m}^3/\text{s})$$

则 $Re_1 = \frac{4\rho Q}{\mu \pi d} = \frac{4 \times 850 \times 0.063}{0.05 \times 3.14 \times 0.25} = 5457$、$Re_2 = \frac{2\rho Q}{\mu \pi d} = \frac{2 \times 850 \times 0.063}{0.05 \times 3.14 \times 0.25} = 2729$,故假设正确。

9-14 已知平面流动的流函数$\psi = xy + 2x - 3y + 10$,求平面流动的势函数、速度分量。

解:由流函数和速度分量之间的关系可知

$$\begin{cases} u_x = \dfrac{\partial \psi}{\partial y} = x - 3 \\ u_y = -\dfrac{\partial \psi}{\partial x} = -y - 2 \end{cases}$$

又由速度分量和势函数之间的关系可确定势函数

$$\varphi = \int u_x \mathrm{d}x + u_y \mathrm{d}y = \int (x-3)\mathrm{d}x + (-y-2)\mathrm{d}y = \dfrac{1}{2}x^2 - 3x - \dfrac{1}{2}y^2 - 2y$$

9-15 如图 9-10 所示，已知 $H = 40\mathrm{m}, l_1 = 150\mathrm{m}, l_2 = 100\mathrm{m}, l_3 = 120\mathrm{m}, l_4 = 800\mathrm{m}, d_1 = 100\mathrm{mm}, d_2 = 120\mathrm{mm}, d_3 = 90\mathrm{mm}, d_4 = 150\mathrm{mm}$，沿程阻力系数 $\lambda = 0.025$，求管路系统的水流量 Q 及 Q_2、Q_3。

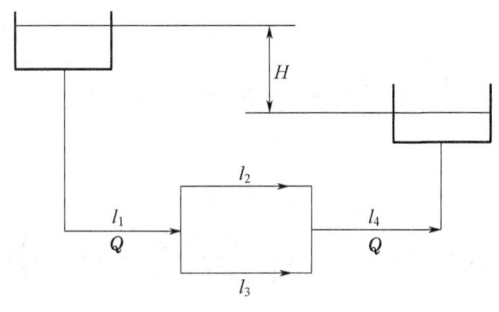

图 9-10 题 9-15 图

解：列两自由液面的能量方程，则有

$$H = h_f = h_{f1} + h_{f2} + h_{f4}$$

其中：$h_{f1} = 0.0826 \times \lambda \times \dfrac{Q^2 \times l_1}{d_1^5} = 0.0826 \times 0.025 \times \dfrac{Q^2 \times 150}{0.1^5} = 30975 Q^2$

$h_{f2} = 0.0826 \times \lambda \times \dfrac{Q_2^2 \times l_2}{d_2^5} = 0.0826 \times 0.025 \times \dfrac{Q_2^2 \times 100}{0.12^5} = 8298.8 Q_2^2$

$h_{f4} = 0.0826 \times \lambda \times \dfrac{Q^2 \times l_4}{d_4^5} = 0.0826 \times 0.025 \times \dfrac{Q^2 \times 800}{0.15^5} = 21754.7 Q^2$

现确定 Q_2 和 Q 的关系，因 l_2 和 l_3 为并联管路，则有

$$Q_2 + Q_3 = Q$$

$$h_{f2} = h_{f3} \Rightarrow \dfrac{Q_2^2 \times l_2}{d_2^5} = \dfrac{Q_3^2 l_3}{d_3^5} \Rightarrow Q_3 = 0.445 Q_2$$

得 $Q_2 = 0.692 Q$

$Q = 0.027 (\mathrm{m}^3/\mathrm{s})$、$Q_2 = 0.019 (\mathrm{m}^3/\mathrm{s})$、$Q_3 = 0.008 (\mathrm{m}^3/\mathrm{s})$

9-16 矩形闸门 AB 可绕其顶端的 A 轴旋转，由固定在闸门上的一个重物来保持闸门的关闭，如图 9-11 所示。已知闸门宽 120cm，长 90cm，整个闸门和重物共重 1000kg，重心在 G 点处，G 点与 A 点的水平距离为 30cm，闸门与水平面的夹角 $\theta = 60°$，求水深为多少时闸门刚好打开？

解：建立如图所示坐标系，则水作用在闸门上的压力 p 和作用点分别为

$$p = \rho g h_C A = \rho g (h - 0.45 \sin 60°) \times 0.9 \times 1.2 = 9800 \times (h - 0.3897) \times 1.08$$

— 137 —

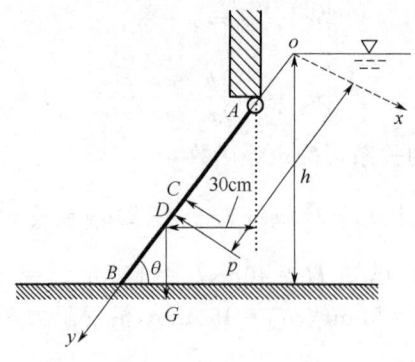

图 9-11 题 9-16 图

$$y_D - y_C = \frac{J_C}{y_C A} = \frac{1.2 \times 0.9^3/12}{\left(\dfrac{h}{\sin 60°} - 0.45\right) \times 1.2 \times 0.9} = \frac{0.0675}{1.155h - 0.45}$$

以 A 点为支点列力矩平衡

$$p \times (y_D - y_C + 0.45) = G \times 0.3$$

$$9800 \times (h - 0.3897) \times 1.08 \times \left(\frac{0.0675}{1.155h - 0.45} + 0.45\right) = 9800 \times 0.3$$

解得 $h = 0.88 \text{(m)}$

9-17 高速水流在浅水明渠中流动，当遇到障碍物时会发生水跃现象；其水位将急剧上升[图 9-12(a)]，其简化模型如图 9-12(b)所示。设水跃前后流速在截面上分布是均匀的，压力沿水深的变化与静水相同。如果流动是定常的，壁面上的摩阻可以不考虑。

求证：

(1) $\dfrac{h_2}{h_1} = \dfrac{1}{2}\left(-1 + \sqrt{1 + \dfrac{8v_1^2}{gh_1}}\right)$；

(2) 水跃只有在 $v_1 \geqslant \sqrt{gh_1 \dfrac{(h_2 - h_1)^3}{4h_1 h_2} g}$ 时才有可能发生；

(3) 水跃过程中单位质量流体的机械能损失为 $\dfrac{(h_2 - h_1)^3}{4h_1 h_2} g$。

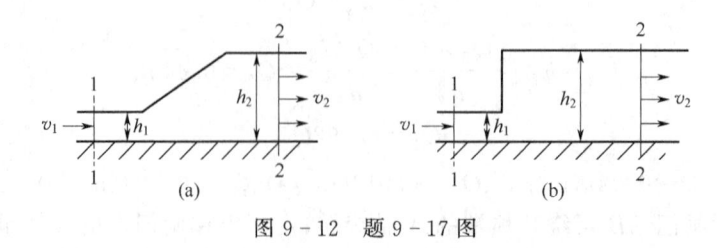

图 9-12 题 9-17 图

解：(1) 选取跃前断面 1—1 和跃后断面 2—2 之间的水体为控制体，列流动方向总流的动量方程为

$$\sum F = \rho Q(v_2 - v_1)$$

因平坡渠道重力与流动方向正交，边壁摩擦阻力忽略不计，故作用在控制体上的力只有过

流断面上的动水压力：$p_1 = \rho g y_{C_1} A_1$，$p_2 = \rho g y_{C_2} A_2$，代入上式后得

$$\rho g y_{C_1} A_1 - \rho g y_{C_2} A_2 = \rho Q \left(\frac{Q}{A_2} - \frac{Q}{A_1} \right)$$

$$\frac{Q^2}{gA_1} + y_{C_1} A_1 = \frac{Q^2}{gA_2} + y_{C_2} A_2$$

对于矩形断面渠道，$A = bh$，$y_C = h/2$，$q = Q/b$ 代入上式，得

$$\frac{q^2}{gh_1} + \frac{h_1^2}{2} = \frac{q^2}{gh_2} + \frac{h_2^2}{2}$$

经整理，得二次方程式

$$h_1 h_2 (h_1 + h_2) = \frac{2q^2}{g}$$

以跃后水深 h_2 为未知量，解上式得

$$h_2 = \frac{h_1}{2} \left[-1 + \sqrt{1 + \frac{8q^2}{gh_1^3}} \right] = \frac{h_1}{2} \left[-1 + \sqrt{1 + \frac{8v_1^2}{gh_1}} \right]$$

(2) 由水跃条件可知 $\frac{h_2}{h_1} \geqslant 1$ 即

$$\frac{h_2}{h_1} = \frac{1}{2} \left(-1 + \sqrt{1 + \frac{8v_1^2}{gh_1}} \right) \geqslant 1$$

$$v_1 \geqslant \sqrt{gh_1} \frac{(h_2 - h_1)^3}{4h_1 h_2} g$$

(3) 以 ΔE_j 表示跃前断面与跃后断面单位重力液体机械能之差，即水跃过程中单位质量流体的机械能损失

$$\Delta E_j = \left(h_1 + \frac{v_1^2}{2g} \right) - \left(h_2 + \frac{v_2^2}{2g} \right)$$

又由 $h_1 h_2 (h_1 + h_2) = \frac{2q^2}{g}$，得

$$\frac{v_1^2}{2g} = \frac{q}{2gh_1^2} = \frac{1}{4} \frac{h_2}{h_1} (h_1 + h_2)$$

$$\frac{v_2^2}{2g} = \frac{q}{2gh_2^2} = \frac{1}{4} \frac{h_1}{h_2} (h_1 + h_2)$$

得

$$\Delta E_j = \left(h_1 + \frac{v_1^2}{2g} \right) - \left(h_2 + \frac{v_2^2}{2g} \right) = \frac{(h_2 - h_1)^3}{4h_1 h_2} g$$

9-18 如图 9-13 所示，有一黏度为 μ、密度为 ρ 的流体在两块平行平板内作充分发展的层流流动，平板宽度为 h，两块平板之间的距离为 δ，在 L 长度上的压降为 Δp，上下两块平板均静止。求：(1) 流体的速度分布；(2) 流速等于平均流速的位置。

解：(1) 上下板均不动，流体在 x 方向的压力梯度 $-\Delta p/L$ 的作用下流动，运动速度与剪切流相似，速度可表示为 $u = u_x(y)$。此时的 N—S 方程可简化为

$$\frac{\mathrm{d}^2 u}{\mathrm{d} y^2} = -\frac{1}{\mu} \frac{\Delta p}{L}$$

图 9-13 题 9-18 图

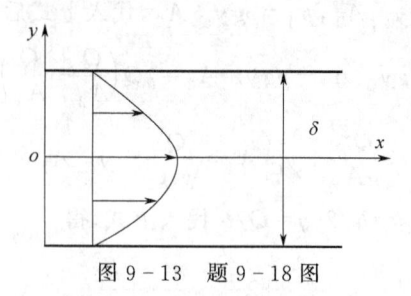

积分可得

$$u = -\frac{1}{2\mu}\frac{\Delta p}{L}y^2 + c_1 y + c_2$$

运用边界条件 $y=0, u=0; y=\delta, u=0$ 可求得积分常数为 $c_1 = \frac{1}{2\mu}\frac{\Delta p}{L}\delta, c_2 = 0$,则

$$u = \frac{1}{2}\frac{\Delta p}{L}(\delta y - y^2)$$

(2)平均流速

$$v = \frac{1}{\delta}\int_0^\delta u\,\mathrm{d}y = \frac{1}{2\delta}\frac{\Delta p}{L}\int_0^\delta (\delta y - y^2)\,\mathrm{d}y = \frac{\delta^2}{12}\frac{\Delta p}{L}$$

令 $u=v$,即 $\frac{1}{2}\frac{\Delta p}{L}(\delta y - y^2) = \frac{\delta^2}{12}\frac{\Delta p}{L}$,得

$$y = \frac{\delta}{2}\left(1 \pm \frac{\sqrt{3}}{3}\right)$$

9-19 已知 $u = \frac{-y}{x^2+y^2}, v = \frac{x}{x^2+y^2}, w=0$,检查此流动是否是势流?并求该流动的势函数、流函数、迹线方程。

解:由 $\omega_z = \frac{1}{2}\left(\frac{\partial v}{\partial x} - \frac{\partial u}{\partial y}\right) = 0$ 可知此流动是势流。

$$\mathrm{d}\varphi = u_x\mathrm{d}x + u_y\mathrm{d}y = \frac{-y}{x^2+y^2}\mathrm{d}x + \frac{x}{x^2+y^2}\mathrm{d}y = \frac{\frac{x\,\mathrm{d}y - y\,\mathrm{d}x}{y^2}}{1+\left(\frac{x}{y}\right)^2} = \frac{\mathrm{d}\left(\frac{x}{y}\right)}{1+\left(\frac{x}{y}\right)^2}$$

$$\varphi = \arctan\frac{x}{y}$$

流函数

$$\psi = \int -v\,\mathrm{d}x + u\,\mathrm{d}y = \int \frac{-x}{x^2+y^2}\mathrm{d}x + \frac{-y}{x^2+y^2}\mathrm{d}y = -\frac{1}{2}\ln(x^2+y^2) + c$$

迹线方程

$$\begin{cases}\dfrac{\mathrm{d}x}{\mathrm{d}t} = \dfrac{-y}{x^2+y^2}\\[2mm]\dfrac{\mathrm{d}y}{\mathrm{d}t} = \dfrac{x}{x^2+y^2}\end{cases}$$

$$x^2 + y^2 = c$$

9-20 如图 9-14 所示,溢流坝内外水位高度分别为 h_1、h_2,水的密度为 ρ,求水流对坝体的作用力。

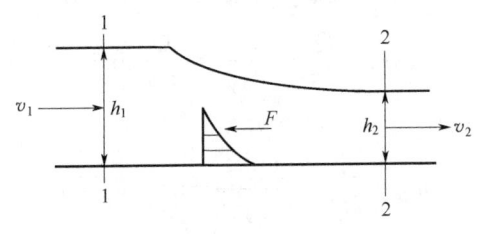

图 9-14 题 9-20 图

解:取 1—1 截面和 2—2 截面之间的水体为研究对象。假设这两个截面处在缓变流中,压强服从静压力分布,设溢流坝为单位宽度,单位宽度的流量为 q,则流动方向的动量方程为

$$-F+\frac{1}{2}\rho g(h_1^2-h_2^2)=\rho q(v_2-v_1)$$

由连续性方程和伯努利方程

$$q=v_1h_1=v_2h_2$$

$$h_1+\frac{v_1^2}{2g}=h_2+\frac{v_2^2}{2g}$$

得下游流速

$$v_2=\sqrt{\frac{2g(h_1-h_2)}{1-(h_2/h_1)^2}}$$

$$F=\frac{1}{2}\rho g(h_1^2-h_2^2)-\rho q(v_2-v_1)=\frac{\rho g}{2}\frac{(h_1-h_2)^3}{h_1+h_2}$$

9-21 如图 9-15 所示,强度为 Q 的点源位于坐标原点,与速度为 20m/s 的均匀流叠加后复合流动滞止点位于点 (2,0),求:(1) Q 值的大小;(2) 均匀流的方向;(3) 复合流动的势函数和流函数。

解:根据复合流动的滞止点位于 (2,0),则可以判断其流动方向与 x 坐标轴的负方向一致,如图所示。

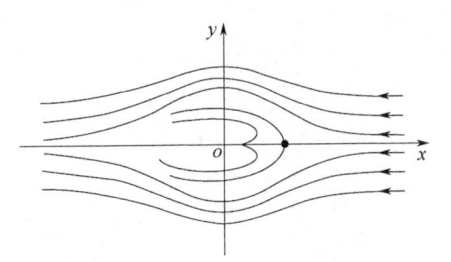

图 9-15 点源与等速均匀流的叠加

将与 x 轴负方向一致的等速均匀流和位于坐标原点的源流叠加,得速度势和流函数

$$\varphi=-u_0r\cos\theta+\frac{Q}{2\pi}\ln r=-u_0x+\frac{Q}{2\pi}\ln\sqrt{x^2+y^2}$$

$$\psi=-u_0r\sin\theta+\frac{Q}{2\pi}\theta=-u_0y+\frac{Q}{2\pi}\arctan\frac{y}{x}$$

速度场
$$u_x = -u_0 + \frac{Q}{2\pi}\frac{x}{x^2+y^2} = -u_0 + \frac{Q}{2\pi r}\cos\theta$$

$$u_y = \frac{Q}{2\pi}\frac{y}{x^2+y^2} = \frac{Q}{2\pi r}\sin\theta$$

驻点 s（即 u_x, u_y 均为零的点）

$$u_{ys} = \frac{Q}{2\pi}\frac{y_s}{x_s^2+y_s^2} = 0, \quad y_s = 0$$

$$u_{xs} = -u_0 + \frac{Q}{2\pi}\frac{x_s}{x_s^2+y_s^2} = 0, \quad x_s = \frac{Q}{2\pi u_0}$$

得
$$Q = 4 \times 3.14 \times 20 = 251.2 (\mathrm{m}^3/\mathrm{s})$$

参考文献

陈家琅,1980.水力学[M].北京:石油工业出版社.
程军,赵毅山,2004.流体力学学习方法及题解指导[M].上海:同济大学出版社.
贺礼清,2004.工程流体力学[M].北京:石油工业出版社.
莫乃榕,槐文信,2002.流体力学:水力学题解[M].武汉:华中科技大学出版社.
汪志明,崔海清,何光渝,2006.流体力学[M].北京:石油工业出版社.
王春生,冯翠菊,2009.工程流体力学学习指南[M].北京:石油工业出版社.
王淑彦,杨树人,2024.工程流体力学(富媒体)[M].3版.北京:石油工业出版社.
吴望一,1982.流体力学[M].北京:北京大学出版社.
杨树人,王春生,2019.工程流体力学[M].2版.北京:石油工业出版社.
张维佳,潘大林,2001.工程流体力学[M].哈尔滨:黑龙江科学技术出版社.
章龙江,高松龄,1995.工程流体力学难题解析[M].北京:石油工业出版社.
周光炯,严宗毅,许世雄,等,2000.流体力学[M].北京:高等教育出版社.
周谟仁,1985.流体力学泵与风机[M].北京:中国建筑工业出版社.